Requirements Engineering für Softwareanwendungen im sozialen Sektor

Varun Gupta

Requirements Engineering für Softwareanwendungen im sozialen Sektor

Innovationen für eine Vielzahl von
Nutzerbedürfnissen

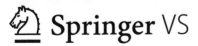 Springer VS

Varun Gupta
University of Beira Interior
Covilhã, Portugal

ISBN 978-3-031-45819-4   ISBN 978-3-031-45820-0   (eBook)
https://doi.org/10.1007/978-3-031-45820-0

Die Deutsche Nationalbibliothek verzeichnet diese Publikation in der Deutschen Nationalbibliografie; detaillierte bibliografische Daten sind im Internet über http://dnb.d-nb.de abrufbar.

Dieses Buch ist eine Übersetzung des Originals in Englisch „Requirements Engineering for Social Sector Software Applications" von Gupta, Varun, publiziert durch Springer Nature Switzerland AG im Jahr 2021. Die Übersetzung erfolgte mit Hilfe von künstlicher Intelligenz (maschinelle Übersetzung). Eine anschließende Überarbeitung im Satzbetrieb erfolgte vor allem in inhaltlicher Hinsicht, so dass sich das Buch stilistisch anders lesen wird als eine herkömmliche Übersetzung. Springer Nature arbeitet kontinuierlich an der Weiterentwicklung von Werkzeugen für die Produktion von Büchern und an den damit verbundenen Technologien zur Unterstützung der Autoren.

Übersetzung der englischen Ausgabe: „Requirements Engineering for Social Sector Software Applications" von Varun Gupta, © The Editor(s) (if applicable) and The Author(s), under exclusive license to Springer Nature Switzerland AG 2021. Veröffentlicht durch Springer International Publishing. Alle Rechte vorbehalten.

Planung/Lektorat: Mary James
Springer VS ist ein Imprint der eingetragenen Gesellschaft Springer Nature Switzerland AG und ist ein Teil von Springer Nature.
Die Anschrift der Gesellschaft ist: Gewerbestrasse 11, 6330 Cham, Switzerland

Das Papier dieses Produkts ist recyclebar.

Foreword

Als Informatiker und ehemaliger Abteilungsleiter der Abteilung für Informatik und Ingenieurwissenschaften an der Universität Beira Interior, Covilhã, Portugal, war es mir eine Freude, Dr. Varun Gupta kennenzulernen, seit er unserem Kompetenzzentrum für Cloud Computing (C4) als Forschungsstipendiat (Postdoktorand) beigetreten ist. Vor seinem Eintritt in das C4 war er auch Assistenzprofessor an der Amity University Noida, Indien. Es war sehr besonders zu beobachten, wie sehr er in seiner jüngsten Karriere gewachsen ist.

Anforderungsengineering für Softwareanwendungen im Sozialsektor: Innovation für eine vielfältige Benutzerbedürfnisse, von Varun Gupta, behandelt das Anforderungsengineering für den Sozialsektor (z. B. Bildung, Gesundheit, Nichtregierungsorganisationen und Wohltätigkeitsstiftungen) durch einen multidisziplinären Ansatz. Bedenken Sie, dass das Anforderungsengineering in der Softwaretechnik von zentraler Bedeutung ist. Daher ist dieses Buch praktisch für diejenigen, die beabsichtigen, Anwendungen für den Sozialsektor auf integrierte, multivariate Weise zu entwickeln, von den Fähigkeiten der Softwareingenieure bis hin zu den Anforderungen der Industrie und des Sozialsektors, ohne die Erwartungen der Endbenutzer zu vernachlässigen. Interessanterweise geht der Autor, nachdem er das Thema Anforderungsengineering im Kontext des Sozialsektors eingeführt hat, sofort auf Gamification und Crowdsourcing-Techniken im Anforderungsengineering ein, und vermittelt so den Willen, aktuelle Ansätze aus der Wissenschaft in den Bereich der Innovation im Sozialsektor zu bringen.

Seine Erfahrung im Bildungssektor als Akademiker, Forscher und Softwareentwickler spiegelt sich im Aufbau dieses Buches wider und bietet eine breite und kenntnisreiche Vision darüber, was an der Spitze des Anforderungsengineerings für den Sozialsektor passiert, sei es in der Wissenschaft oder in der Unternehmenspraxis. Daher ist das Buch praktisch für diejenigen, die beabsichtigen, Institutionen, Unternehmen und Start-ups im Sozialsektor zu digitalisieren, angesichts der weltweiten digitalen Transformation.

Abel J. P. Gomes

Inhaltsverzeichnis

Kapitel 1
Einleitung

Zusammenfassung Dieses Kapitel bietet eine Einführung in den Sozialsektor, soziale Innovation und technologiegestützte Innovation. Die Rolle des Requirements Engineering (RE) ist entscheidend, um ein qualitativ hochwertiges Softwareprodukt für technologiegestützte Innovation zum sozialen Wohl zu haben. Es besteht jedoch die Notwendigkeit, den Profitör der Innovation (d. h., den Bürger) in den Softwareentwicklungsprozess einzubeziehen, da der Erfolg der Software nur von seiner erfolgreichen Annahme der Technologie abhängt.

1.1 Einführung

Der Sozialsektor (auch Dritter Sektor genannt) ist der Teil der Wirtschaft, der die Aktivitäten für das soziale Wohl umfasst, d. h., er bietet Vorteile für die Gesellschaft, indem er soziale Probleme wie Armut, Gesundheitsprobleme, Bildungsmangel, Hygiene, Hunger usw. angeht. Die Gesellschaft hat mehrere Probleme und sowohl die Regierung als auch Nichtregierungsorganisationen (wie gemeinnützige Stiftungen, soziale Unternehmensgründungen usw.) bemühen sich, auf bestmögliche Weise zur sozialen Innovation beizutragen. Soziale Innovation bezieht sich auf die Verbesserung des Sozialsektors durch die Einführung neuer Lösungen in Form von Produkten und Dienstleistungen in der Gesellschaft.

Mit anderen Worten, diese Produkte oder Dienstleistungen haben soziale Auswirkungen, d. h., sie bieten Vorteile für die Gesellschaft. Eine Möglichkeit, soziale Innovation zu erzielen, besteht darin, technologisch gestützte Innovationen einzuführen, d. h., technologisch verbesserte Produkte oder Dienstleistungen in der Gesellschaft bereitzustellen, um Lösungen für gesellschaftliche Probleme zu bieten. Beispiele könnten ein Blockchain-System zur Transparenz von finanziellen Vorteilen, ein Online-System zur Anmeldung für Arbeitslosenunterstützung, ein Online-System zur Buchung von Krankenhauszimmern während einer Pandemie, ein Online-System zur Bereitstellung von Lebensmitteln für gefährdete Gruppen usw. sein. Diese Beispiele liefern einige aussagekräftige Kontextinformationen über die technologisch gestützte soziale Innovation:

V. Gupta, *Requirements Engineering für Softwareanwendungen im sozialen Sektor*,
https://doi.org/10.1007/978-3-031-45820-0_1

- Die Nutzerbasis (oder die Begünstigten) des technologischen Softwaresystems ist in Bezug auf ihre Demografie, ihr Verhalten usw. sehr vielfältig. Es könnten gefährdete Gruppen mit geringem Zugang zu technologischen Kompetenzen, hoch technologieaffine Gruppen usw. sein. Dieser Faktor beeinflusst die Art und Weise, wie die Softwareentwickler sie in die Softwareentwicklungsaktivitäten einbeziehen werden.
- Es könnten zahlreiche Lösungen für die gleichen gesellschaftlichen Probleme existieren. Auch könnten zahlreiche Probleme existieren, und es wird eine Herausforderung sein, das vielversprechendste zu identifizieren, bei dem Lösungen einen viel größeren Wert erzeugen könnten.

Soziale Innovation ist in letzter Zeit im Fokus der Regierung; Innovation, die durch technologische Lösungen in der Gesellschaft aufgenommen wird. Technologische Lösungen, die soziale Innovation erreichen, erfordern von Softwareingenieuren, dass sie den Problemraum erkunden, um die sozialen Herausforderungen besser zu verstehen; um das Wertangebot zu identifizieren, das die sozialen Bedürfnisse am besten erfüllt.

Die Zuordnung zwischen den technologischen Lösungen und den tatsächlichen Kundenbedürfnissen (die Regierungsinstitutionen und/oder Bürger sein könnten) ist die Verantwortung der Softwareingenieure; eine Aufgabe, die aufgrund der interdisziplinären Natur der benötigten Lösungen schwer auszuführen ist.

Das Anforderungsengineering (RE) wird eine Herausforderung sein, wenn man die breite Palette von Nutzern sozialer Anwendungen berücksichtigt. Wenn jedoch der Sponsor der sozialen Anwendung, zum Beispiel die Bundesregierung, die möglichen Nutzer im Softwareentwicklungsprozess vertritt, besteht die Herausforderung darin, die tatsächlichen Bedürfnisse des Kunden nicht zu übersehen.

1.2   Anforderungsengineering im Allgemeinen

Anforderungsengineering ist die Teilaufgabe des Software-Engineerings, die versucht, die tatsächlichen Bedürfnisse der Kunden zu ermitteln, die dann nach einer sorgfältigen Analyse, Priorisierung und Validierung als Anforderungen dokumentiert werden [1]. Diese Aktivität erfordert kontinuierliche Interaktionen mit den Nutzern, entweder durch persönliche Interaktionen (zum Beispiel durch Interviews) oder durch Techniken wie Crowdsourcing-basiertes RE [2–6]. Der formale Ansatz fällt unter die Kategorie des traditionellen RE, während die letzteren fortgeschrittene RE-Techniken sind, die die Technologie bestmöglich nutzen, um Nutzergruppen einzubeziehen, was zu größeren Anforderungslisten führt.

Im Crowd-basierten RE werden die RE-Aufgaben an die Masse ausgelagert. Die Masse gibt dann ihre Perspektiven zu den zukünftigen Anforderungen der Software, die dann durch ihre kontinuierlichen sozialen Interaktionen in Form von

Kommentaren, Abstimmungen, Verzweigungen usw. weiter verfeinert werden. Das Crowd-basierte RE kann durch spezialisierte Plattformen unterstützt werden, die für die Erleichterung des RE konzipiert sind, oder durch bestehende Plattformen wie soziale Medien wie Facebook. Das Feedback wird dann durch Techniken der natürlichen Sprachverarbeitung und Methoden des maschinellen Lernens analysiert, um automatisch die Softwareanforderungen zusammen mit den Ranglisten zu identifizieren.

Crowd-basiertes RE hat den Vorteil, dass eine größere Anzahl von Nutzern einbezogen wird, was zu einer genauen Identifizierung des Anforderungssatzes führt. Im Gegensatz dazu war die Genauigkeit noch unsicher, da in der Literatur noch keine effizienten Analysetechniken mit der Fähigkeit zur Analyse der inakurraten und größeren Anzahl von Rückmeldungen berichtet wurden.

Die globale Reichweite solcher Techniken hat eine breitere Anwendbarkeit im Sozialsektor, der geographisch über die Landesgrenzen hinweg verteilt ist. Es könnten jedoch mehrere Einschränkungen bestehen, wenn es darum geht, Technologie zur Verbindung mit der Masse zu nutzen.

1.3   Sozialsektor Anwendungen: Unterschiede zwischen Nutzern, Geldgebern und Kunden

Die Nutzer der Sozialsektor Anwendung könnten die Regierung oder direkte Bürger sein. Unabhängig davon, wer die Anwendung nutzen wird, ist der letztendliche Profitör der Bürger. Zum Beispiel könnte die Bundesregierung eine Anwendung entwickeln, um Arbeitslosenunterstützung für die von Coronavirus betroffenen Bürger bereitzustellen. Wenn die Regierung der Nutzer ist, dann wird diese Anwendung direkt die betroffenen Parteien identifizieren (zum Beispiel durch Verwendung von Steuerinformationen), ansonsten müssen die Bürger als Nutzer einen Antrag stellen, um die Unterstützung zu erhalten. In beiden Fällen ist der Nutzer der direkte Profitör. Warum diese Klassifizierung wichtig ist, basiert auf der Fähigkeit der Anwendung, perfekt auf die Marktanforderungen abgestimmt zu sein, d. h., die erwarteten Vorteile für die Bürger zu bieten. Dies macht es wichtig, den Problemraum (soziale Probleme) zu erforschen und die Lösungen zu identifizieren, die die sozialen Bedürfnisse am besten adressieren. Dies ist nur möglich, wenn es keine Wissenslücken zwischen den Erwartungen der Bürger und dem Anforderungsengineering-Team gibt, das die Anwendung entwirft.

Die Fähigkeit, soziale Innovation durch Produkte oder Dienstleistungen mit sozialer Wirkung zu fördern, könnte ein Spielwechsler für Bundesregierungen bei der Wiederwahl sowie für das wirtschaftliche Wachstum der Nation sein. Die sozialen Projekte werden entweder von Regierungen oder durch Spenden finanziert, da das Ziel ist, soziale Auswirkungen zu haben, anstatt Gewinne für die Aktionäre zu erzielen. Allerdings könnten die sozialen Unternehmer eine anfängliche Investition (genannt Eigenkapital) machen, um das Geschäft zu starten, mit weiteren Operationen, die mit steigenden Spenden skaliert werden.

Die sozialen Unternehmer starten die sozialen Unternehmen (oder Start-ups), um das soziale Problem (Geschäftsidee) aufgrund ihrer Motivation, zu der edlen Sache beizutragen, zu lösen. Die Quelle des Problems könnte ihre berufliche Erfahrung im Sozialsektor oder ihre Beobachtungen aufgrund kontinuierlicher Interaktionen mit den gesellschaftlichen Problemen sein. Die Bundesregierung könnte die Bereiche für soziale Innovation identifizieren, basierend auf den umfangreichen Informationen, die sie über die verschiedenen Leistungen im Sozialsektor haben. Der Grund ist, dass die Bundesregierung über alle Ressourcen verfügt, die kontinuierlich Leistungsaspekte sammeln und Experten, die empfehlen, welcher Bereich Verbesserungen benötigt und wie. Zum Beispiel könnte der Besuch einer sozialen Einrichtung, um Lebensmittelhilfe zu beantragen, zu einer erhöhten Arbeitsbelastung in allen Einrichtungen und einer hohen Nachfrage nach Personal führen. Um diesen Prozess für die Bürger zu erleichtern und den Arbeitsdruck zu reduzieren, könnte die Bundesregierung eine Online-Anwendung entwickeln, die diese gesamte Wertschöpfungskette automatisiert.

Allerdings wird die Software Anwendung nicht auf einmal von den Bürgern übernommen. Tatsächlich dauert es lange, bis sie angenommen wird, aus folgenden Gründen:

- Zögern, sich zu ändern und neue Wege des Handelns zu nutzen.
- Komplexe Technologie und fehlende Kompetenzen, um sie zu handhaben.
- Die Anwendung adressiert nicht tatsächlich die Hauptprobleme der Bürger.

Es ist wichtig, die Vielfalt der Bürger im Kopf zu behalten, während die Softwareanwendungen entworfen werden. Die kontinuierlichen Updates für die Anwendungen sind kostspielig zu übernehmen und zu implementieren. Es ist wichtig, die Softwarefunktionen unter Berücksichtigung des Gleichgewichts zwischen den Geldgebern, Nutzern und Kunden mit dem Fokus auf die tatsächliche Bereitstellung von Vorteilen für die Bürger zu entscheiden. Es ist auch wichtig, keine gebildeten Vermutungen über die Bedürfnisse der Bürger zu machen, sondern die Hypothese sollte validiert werden mit verschiedenen Nutzern, bevor der Entwicklungsprozess beginnt.

1.4 Anforderungsengineering für Anwendungen im Sozialsektor (Anforderungsengineering im Sozialsektor)

Die RE Aktivität ist eine Co-Creation-Aktivität, die kontinuierliche Unterstützung der Benutzer benötigt, da nur durch ihre Beteiligung, Anforderungsanalysten in der Lage sein werden, das Problemfeld zu erkunden und das Produkt mit der Fähigkeit zu entwickeln, die Bedürfnisse zu erfüllen. Wie in den vorhergehenden Abschnitten und in den kommenden Kapiteln erwähnt, ist Crowdsourcing eine

Möglichkeit, verschiedene Benutzer in den RE-Prozess einzubeziehen und Gamification ist ein Mechanismus, um ihre Motivation zu fördern. Um jedoch Crowdsourcing zu nutzen, muss die geeignete Plattform eingerichtet werden, um ihnen die Angabe ihrer Anforderungen zu ermöglichen und an sozialen Interaktionen zur Verfeinerung der von der Menge festgelegten Anforderungen teilzunehmen, was zur Anforderungsbewertung führt. Die Grundannahme ist jedoch, dass die Menge über die Kompetenzen verfügt, die Plattform leicht zu nutzen und am RE-Prozess teilzunehmen. Obwohl sie über Kompetenzen verfügen, berichtet die Literatur, dass Benutzerfeedback, das eine reiche Quelle für Softwareanforderungen [7] ist, viele Störgeräusche (wie Jargon) enthält, die ihre Analyse recht schwierig machen [8]. Darüber hinaus ist die Analyse des Feedbacks der Menge mit Hilfe von Techniken zur Verarbeitung natürlicher Sprache und maschinellem Lernen aufgrund der Nichtverfügbarkeit fortgeschrittener und zuverlässiger Methoden schwieriger [9].

Es ist interessant zu sehen, ob bestehende fortgeschrittene RE-Techniken in einem sozialen Kontext durchführbar sind. Der Grund liegt in der Vielfalt und mangelnden Zugänglichkeit der Bürger, die die Benutzermenge der potenziellen Anwendung bilden. Die in diesem Buch verbreiteten Ergebnisse zeigen, dass die bestehenden Techniken aufgrund der Vielfalt der Benutzer und der neuen Techniken, die benötigt werden, um die einzigartigen Herausforderungen zu bewältigen, die als Anforderungsengineering im Sozialsektor (SSRE) bezeichnet werden, nur begrenzt anwendbar sind.

1.5 Buchorganisation

Dieses Buch ist wie folgt organisiert: Die tertiäre Studie von Crowdsourcing und Gamification Forschung im Sozialsektor wird in Kap. 2 durchgeführt, um die Unterstützung zu identifizieren, die die Literatur im sozialen Sektor RE bieten kann. Kap. 3 erforscht durch mehrere Fallstudien den Bereich des RE im Sozialsektor (SSRE) und Kap. 4 bietet eine Lösung dafür. Die Auswirkungen für verschiedene Stakeholder des Innovationssystems werden dann in Kap. 5 vorgestellt.

1.6 Schlussfolgerung und zukünftige Arbeit

Die einleitenden Konzepte werden in diesem Kapitel vorgestellt. Die große Benutzerbasis von sozialen Anwendungen führt zu der Herausforderung, sie in die Gestaltung der technologischen Lösungen für soziale Innovation einzubeziehen. Die Bundesregierungen, soziale Unternehmer oder andere Partner für Innovationen im Sozialsektor sollten sich stärker auf den interdisziplinären Charakter der Lösungen für soziale Innovationen konzentrieren.

Literatur

1. V. Gupta, J.M. Fernandez-Crehuet, T. Hanne, R. Telesko, Requirements engineering in soft-ware startups: a systematic mapping study. Appl. Sci. **10**, 6125 (2020). https://doi.org/10.3390/app10176125
2. P.K. Murukannaiah, N. Ajmeri, M.P. Singh, Toward automating crowd RE, in *2017 IEEE 25th International Requirements Engineering Conference (RE)*, (2017), pp. 512–515. https://doi.org/10.1109/RE.2017.74
3. E.C. Groen, Crowd out the competition, in *2015 IEEE first International Workshop on Crowd-Based Requirements Engineering (CrowdRE)*, (2015), S. 13–18. https://doi.org/10.1109/CrowdRE.2015.7367583
4. E.C. Groen, S. Adam, J. Doerr, Towards crowd-based requirements engineering: a research preview, in *Requirements Engineering: Foundation for Software Quality*, (Springer, Cham, 2015), S. 247–253
5. M. Hosseini, K. Phalp, J. Taylor, R. Ali, Towards crowdsourcing for requirements engineering, in *20th International Working Conference on Requirements Engineering: Foundations for Software Quality Empirical Track*, (2014)
6. E.C. Groen et al., The crowd in requirements engineering: the landscape and challenges. IEEE Softw. **34**(2), 44–52 (2017). https://doi.org/10.1109/MS.2017.33
7. V. Gupta, Comment on "a social network based process to minimize in-group biasedness during requirement engineering". IEEE Access **9**, 61752–61755 (2021). https://doi.org/10.1109/ACCESS.2021.3073379
8. M. van Vliet, E.C. Groen, F. Dalpiaz, S. Brinkkemper, Identifying and classifying user requirements in online feedback via crowdsourcing, in *Requirements Engineering: Foundation for Software Quality. REFSQ 2020. Lecture Notes in Computer Science*, ed. by N. Madhavji, L. Pasquale, A. Ferrari, S. Gnesi, vol. 12045, (Springer, Cham, 2020). https://doi.org/10.1007/978-3-030-44429-7_11
9. W. Maalej, M. Nayebi, T. Johann, G. Ruhe, Toward data-driven requirements engineering. IEEE Softw. **33**(1), 48–54 (2016)

Kapitel 2
Hin zu Gamification und Crowdsourcing im Anforderungsengineering des Sozialsektors

Zusammenfassung Gamification und Crowdsourcing wurden weitgehend in Softwareentwicklungsaktivitäten (insbesondere Requirements Engineering (RE)) eingesetzt, um die Kraft des vielfältigen softwarebezogenen Wissens zu nutzen, das unter einer Menge motivierter Stakeholder verteilt ist. Diese Technologien erfordern technologische Plattformen (beispielsweise soziale Netzwerke), um Menschenmengen aktiv in ausgelagerte Softwareentwicklungsaufgaben einzubeziehen. Die Softwareentwicklung im sozialen Sektor muss sicherstellen, dass die Software die vielfältigen Bedürfnisse der Bürger erfüllt (partizipatorisches RE), eine Vielfalt, die zu vielfältig ist. Um den Stand der Technik von Crowdsourcing und Gamification im Requirements Engineering des sozialen Sektors (SSRE) zu identifizieren, wird eine systematische Literaturübersicht über Sekundärstudien durchgeführt, die sich allgemein auf den SE-Kontext und insbesondere auf RE konzentrieren. Die ganzheitlichen Ergebnisse werden dann verfeinert, indem sie mit den begrenzten Primärstudien verglichen werden, die sich auf den sozialen Sektor konzentrieren. Die Ergebnisse helfen, den allgemeinen Kontext und den Kontext des sozialen Sektors auf differenzierten Positionen zu setzen. Die Ergebnisse liefern auch erste Anzeichen dafür, dass die auf den sozialen Sektor ausgerichtete Forschung noch in ihren Anfängen steckt und erhebliche Anstrengungen erfordert, um eine Infrastruktur für Crowdsourcing und Gamification bereitzustellen, um die Benutzervielfalt im Kontext des sozialen Sektors zu verwalten.

2.1 Einführung

VAMS – das Vaccine Administration Management System wird entwickelt von der Beratungsfirma Deloitte für die US-Zentren für Krankheitskontrolle und Prävention. Kürzlich wurde berichtet, dass diese Website einigen Bürgern Schwicrigkeiten bereitet, wenn sie versuchen, ihren Termin für eine Coronavirus Impfung zu buchen.[1] Was ist schief gelaufen – Skalierungsprobleme oder Qualitätsprobleme? Die Gründe sind noch nicht gemeldet, aber wenn das System mit verschiedenen Bürgern Co-produziert worden wäre, wären die Ergebnisse anders gewesen.

Nehmen Sie ein weiteres Beispiel von Sarasota und Manatee County. Kürzlich wurde berichtet, dass es älteren Menschen sehr schwer fällt, einen Termin zur Impfung gegen das Coronavirus zu vereinbaren, da Termine nur online vereinbart werden konnten.[2] Was bedeutet das und wie hängt es mit den Anforderungen des Sozialsektors zusammen (Anforderungsengineering für die Gestaltung von Anwendungen im Sozialsektor). Dieses Beispiel zeigt die Notwendigkeit, geeignete Mechanismen für die Benutzergruppen bereitzustellen, wenn sie in das Anforderungsengineering einbezogen werden sollen. Zum Beispiel können älteren Menschen keine webbasierten Systeme oder soziale Plattformen zur Teilnahme am anforderungsbasierten Engineering zur Verfügung gestellt werden. Anforderungsengineering-Aktivitäten benötigen die Beteiligung von diversen großen Benutzergruppen, um hochwertige Software zu produzieren, aber dies erfordert auch eine Anpassung der Aktivitäten an die Kompetenzen der Benutzergruppen.

Der Sozialsektor (auch Dritter Sektor genannt) wird in Kap. 1 kurz eingeführt und umfasst den Teil der Wirtschaft, der Aktivitäten für das soziale Wohl umfasst, d. h. der Gesellschaft durch die Lösung sozialer Probleme wie Armut, Gesundheitsprobleme, Bildungsmangel, Hygiene, Hunger usw. Vorteile bietet. Die Vielfalt der Benutzersegmente im Sozialsektor ist die größte Herausforderung für das RE-Team [1].

Anforderungsengineering (RE) ist die Unteraktivität des Software-Engineering (SE), die versucht, die tatsächlichen Bedürfnisse der Kunden zu ermitteln, die dann nach einer sorgfältigen Analyse, Priorisierung und Validierung als Anforderungen dokumentiert werden. RE erfordert die Beteiligung der Benutzer, um den Produkterfolg auf dem Markt zu gewährleisten. Die Benutzerbeteiligung kann entweder durch persönliche Interaktionen mit dem RE-Team (sogenanntes traditionelles RE) oder durch Crowdsourcing-Plattformen (sogenanntes Crowd-basiertes RE) erreicht werden. Crowdsourcing-Plattformen helfen dabei, eine große Anzahl von Benutzern zu erreichen, die global verteilt sind und daher nicht durch persönliche Interaktionen am selben physischen Ort erreichbar sind. Ihre Motivation wird durch den Einsatz von Gamification (d. h. die Verwendung von Spielelementen in einem nicht-spielenden Kontext [2]) gesteigert.

Die Benutzer von Anwendungen im Sozialsektor sind so vielfältig (zum Beispiel in ihrer Fähigkeit, technologische Plattformen zu nutzen), dass bestehende Crowdsourcing- und Gamification-Mechanismen möglicherweise keine „Einheitsgröße" Lösung sind.

---

[1]https://www.technologyreview.com/2021/01/30/1017086/cdc-44-million-vaccine-data-vams-problems/

[2]https://eu.heraldtribune.com/story/news/local/sarasota/2021/01/04/seniors-withseniors-without-computers-may-lack-access-out-computers-may-lack-access-covid-19-vaccine/4098005001/

Das Ziel dieser Studie ist es, die Sekundärstudien über Gamification und/ oder Crowdsourcing im Bereich der Softwareentwicklung und insbesondere RE systematisch zu überprüfen. Die ganzheitlichen Ergebnisse werden dann verfeinert, indem sie mit den begrenzten Primärstudien, die sich auf den Sozialsektor konzentrieren, verglichen werden. Die Ergebnisse helfen dabei, den allgemeinen Kontext und den Kontext des Sozialsektors auf differenzierten Positionen zu setzen. Das Ergebnis wird Forscher dazu motivieren, neue Lösungen unter Berücksichtigung der Beschränkungen des Sozialsektors zu entwerfen, von denen die Vielfalt die größte Herausforderung darstellt.

2.2 Tertiäres Überprüfungsprotokoll

Die tertiäre Studie führte die systematischen Überprüfungsrichtlinien gemäß [3] aus, um das Überprüfungsprotokoll zu planen, das Protokoll auszuführen und die Ergebnisse zu berichten. Diese Überprüfung versucht, die folgende Forschungsfrage RQ zu beantworten: Wie werden Crowdsourcing und Gamification in der Softwareentwicklung im Allgemeinen und RE im Besonderen angewendet?

Um die tertiäre Studie durchzuführen, beinhaltet das Überprüfungsprotokoll das Auslösen von vier bibliographischen Datenbanken – IEEE Xplore, ACM digitale Bibliothek, SpringerLink und ScienceDirect gegen die Suchzeichenkette ((„crowdsourcing") ODER („gamification")) UND („software engineering"). Das Auslösen führte zu 1122 Ergebnissen, die nach Anwendung der Auswahlkriterien (Ein- und Ausschlusskriterien) auf 05 für die endgültige Synthese reduziert wurden.

Einschlusskriterien

- Systematisch durchgeführte Literaturüberprüfungen nur.
- Überprüfungen, die sich auf Crowdsourcing und Gamifications konzentrieren.
- Überprüfungen, die sich auf generisches SE und/oder RE im Besonderen konzentrieren.
- Studien, die in den Jahren 2018–2021 veröffentlicht wurden (beide Enden inklusive).
- Studien, die in Englisch verfasst und nur dem Bereich der Softwareentwicklung zugeordnet sind.

Ausschlusskriterien

- Papiere, die nicht in der Lage sind, eine der Forschungsfragen zu beantworten.
- Studien, die sich auf einzelne SE-Aktivitäten konzentrieren (außer RE).

Tab. 2.1 Auswahl der Studien

Bibliographische Datenbank	# Anfängliche Studien	Studien (nach Anwendung von Ein- & Ausschluss)
IEEEXplore	261	01
SpringerLink	240	01
ACM digitale Bibliothek	352	00
ScienceDirect	250	03

Die Durchführung des Tertiärüberprüfungsprotokolls führte dazu, dass 05 Überprüfungsstudien für eine weitere Analyse zur Erfüllung der Forschungsziele (Tab. 2.1) herangezogen wurden.

Diese Artikel wurden Qualitätsbewertungsverfahren unterzogen, indem jede Überprüfungsstudie gegen vier formulierte Fragen bewertet wurde, wie in [4] vorgeschlagen. Die Fragen (Qi) zusammen mit der Grundlage für die Bewertungsskala von 1 (für Ja), 0,5 (für Teilwcise) und 0 (für Nein) sind unten angegeben.

- Sind die Ein- und Ausschlusskriterien der Überprüfung beschrieben und angemessen (**Q1**)?
  Y*(criterien sind explizit definiert)*, P*(criterien sind implizit definiert)* und N *(criterien sind nicht definiert)*.
- Ist es wahrscheinlich, dass die Literaturrecherche alle relevanten Studien abgedeckt hat (**Q2**)?
  Y*(Suche in vier oder mehr bibliographischen Datenbanken)*, P*(Suche in drei oder vier bibliographischen Datenbanken)* und N *(Suche in bis zu zwei bibliographischen Datenbanken)*.
- Haben die Gutachter die Qualität/Gültigkeit der eingeschlossenen Studien bewertet (**Q3**)?
  Y*(Qualitätsbewertung wird von den Autoren durchgeführt)*, P*(Qualitätsprobleme, wie in der Forschungsfrage formuliert, werden von der Studie behandelt)* und N *(Es wird keine Qualitätsbewertung von den Autoren durchgeführt)*.
- Wurden die grundlegenden Daten/Studien ausreichend beschrieben (**Q4**)?
  Y*(Details über einzelne Studien sind angegeben und es ist möglich, die Zusammenfassungen auf einzelne Studien zurückzuführen)*, P*(Einzelne Arbeiten werden zusammengefasst, aber es ist nicht möglich, auf einzelne Studien zurückzuführen)* und N *(Ergebnisse der einzelnen Studien sind nicht angegeben)*.

Die Ergebnisse des Qualitätsbewertungsverfahrens sind in Tab. 2.2 angegeben.

Die sekundären Studien (05 Studien) unterliegen dem Vorwärts-Schneeballverfahren indem ihre Google-Zitationen dem Tertiär-Review-Protokoll (Abschn. 2.2) unterzogen werden. Dies führte dazu, dass 08 Studien für eine weitere Analyse aufgenommen wurden (Tab. 2.3 und 2.4).

Tab. 2.2 Qualität Bewertung

Überprüfungsstudien	Refs.	Qualitätsbewertung				Gesamt-punktzahl (4)
		Qualitätsbewertungsfrage Y(1), P(0.5), N(0)				
		Q1	Q2	Q3	Q4	
Maurício, R.D.A., Veado, L., Moreira, R.T., Figueiredo, E. and Costa, H., 2018. A systematic mapping study on game-related methods for software engineering education. Information and software technology, 95, pp.201–218	[5]	1	1	0,5	1	3,5
Alhammad, M.M. and Moreno, A.M., 2018. Gamification in software engineering education: A systematic mapping. Journal of Systems and Software, 141, pp.131–150	[6]	1	1	1	1	4
Cursino, R., Ferreira, D., Lencastre, M., Fagundes, R. and Pimentel, J. Gamification in requirements engineering: a systematic review. 2018 11th International Conference on the Quality of Information and Communications Technology (QUATIC), 4–7 Sept. 2018, pp. 119–125, Coimbra, Portugal	[7]	1	1	1	1	4
Khan, J.A., Liu, L., Wen, L. and Ali, R. Crowd intelligence in requirements engineering: Current status and future directions. International working conference on requirements engineering: Foundation for software quality, 18–21 March 2019, pp. 245–261, Essen, Germany	[8]	1	1	0,5	1	3,5
Sarı, A., Tosun, A. and Alptekin, G.I., 2019. A systematic literature review on crowdsourcing in software engineering. Journal of Systems and Software, 153, pp.200–219	[9]	1	1	1	1	4

Tab. 2.3 hebt die vorwärts gerichtete Schneeballmethode Details über die fünf sekundären Studien hervor. Tab. 2.4 liefert die Details über die sekundären Studien, die nach der Durchführung des tertiären Überprüfungsprotokolls auf Google Scholar-Zitaten ausgewählt wurden.

Diese 07 Studien unterliegen dem Verfahren zur Qualitätsbewertung mit in Tab. 2.5 angegebenen Qualitätspunkten. Die Studien, die 02 oder mehr Punkte (von 04) erzielten, wurden nur zur weiteren Analyse einbezogen, was zur weiteren Analyse von 04 Studien (von 07) führte.

Tab. 2.3 Vorwärts Schneeballbildung und Analyse

Überprüfungsstudien	Refs.	Zitate	Anzahl der ausgewählten Studien
Maurício, R.D.A., Veado, L., Moreira, R.T., Figueiredo, E. and Costa, H., 2018. A systematic mapping study on game-related methods for software engineering education. Information and software technology, 95, pp.201–218	[5]	61	02
Alhammad, M.M. and Moreno, A.M., 2018. Gamification in software engineering education: A systematic mapping. Journal of Systems and Software, 141, pp.131–150	[6]	100	03
Cursino, R., Ferreira, D., Lencastre, M., Fagundes, R. and Pimentel, J. Gamification in requirements engineering: a systematic review. 2018 11th International Conference on the Quality of Information and Communications Technology (QUATIC), 4–7 Sept. 2018, pp. 119–125, Coimbra, Portugal	[7]	10	01
Khan, J.A., Liu, L., Wen, L. and Ali, R. Crowd intelligence in requirements engineering: Current status and future directions. International working conference on requirements engineering: Foundation for software quality, 18–21 March, 2019, pp. 245– 261, Essen, Germany	[8]	14	01
Sarı, A., Tosun, A. and Alptekin, G.I., 2019. A systematic literature review on crowdsourcing in software engineering. Journal of Systems and Software, 153, pp.200–219	[9]	18	00

2.3 Ergebnisanalyse

2.3.1 Überblick über die Überprüfungsstudien

Tab. 2.2 hebt die Details über die ausgewählten zehn Studien hervor (d. h., 05 Elternstudien und 04 Kinderstudien ausgewählt nach vorwärts Schneeballverfahren). Die Details beinhalten, dass die Publikationsorte, die diese Review-Studien beherbergen, gut etablierte Orte für die Veröffentlichung von hochwertigen Artikeln sind.

Die Details des Publikationsorts, die Anzahl der in jedem Ort veröffentlichten Review-Studien und das Jahr der Veröffentlichung sind in Tab. 2.6 angegeben.

Tab. 2.4 Ausgewählte Studien durch vorwärts Schneeballsystem

Ausgewählte Studien	Refs.	Eltern-referenzen
García-Mireles, G. A., & Morales-Trujillo, M. E. (2019, October). Gamification in Software Engineering: a tertiary study. In International Conference on Software Process Improvement (pp. 116–128). Springer, Cham	[10]	[5]
Dos Santos, A. L., Souza, M. R., Dayrell, M., & Figueiredo, E. (2018, March). A systematic mapping study on game elements and serious games for learning programming. In International Conference on Computer Supported Education (pp. 328–356). Springer, Cham	[11]	
Venter, M. (2020, April). Gamification in STEM programming courses: State of the art. In 2020 IEEE Global Engineering Education Conference (EDUCON) (pp. 859–866). IEEE	[12]	[6]
Castro, D., Arantes, F., & Werner, C. A tertiary mapping on the use of games for teaching software engineering. SBC – Proceedings of SBGames 2019. Pp: 1120–1123	[13]	
Maiga, J., & Emanuel, A. W. R. (2019). Gamification for Teaching and Learning Java Programming for Beginner Students-A Review. JCP, 14(9), 590–595	[14]	
Milosz, M., & Milosz, E. (2020, April). Gamification in Engineering Education–a Preliminary Literature Review. In 2020 IEEE Global Engineering Education Conference (EDUCON) (pp. 1975–1979). IEEE	[15]	[7]
Vogel, P., & Grotherr, C. (2020). Collaborating with the Crowd for Software Requirements Engineering: A Literature Review. MCIS 2020 Proceedings. 1. https://aisel.aisnet.org/amcis2020/virtual_communities/virtual_communities/1	[16]	[8]

2.3.2 Ergebnisse spezifisch zu Forschungszielen

Die Studien wurden der Analyse unterzogen, um die formulierten Forschungs-fragen zu beantworten. Die Erkenntnisse, die nach der Analyse der Studien kurz erwähnt werden, sind unten aufgeführt:

2.3.2.1 Wie werden Crowdsourcing und Gamification im Allgemeinen in der Softwaretechnik und insbesondere im RE angewendet?

Die Studie [11] berichtete über die Ergebnisse der systematischen Kartierungs-studie zur Anwendung von Serious Games im Programmierunterricht. Die Anwendbarkeit der Gamifizierung in der Ingenieurausbildung wurde in [5, 6] berichtet, die sich auf die Anwendung der Gamifizierung für die SE Bildung der Studenten konzentrieren, was hilfreich sein könnte, um Fähigkeiten zum Aufbau

Tab. 2.5 Qualität Bewertung

Überprüfungsstudien	Refs.	Qualitätsbewertung				Gesamt-punktzahl (4)
		Qualitätsbewertungsfrage Y(1), P(0.5), N(0)				
		Q1	Q2	Q3	Q4	
García-Mireles, G. A., & Morales-Trujillo, M. E. (2019, October). Gamification in Software Engineering: a tertiary study. In International Conference on Software Process Improvement (pp. 116–128). Springer, Cham	[10]	1	1	1	1	4
Dos Santos, A. L., Souza, M. R., Dayrell, M., & Figueiredo, E. (2018, March). A systematic mapping study on game elements and serious games for learning programming. In International Conference on Computer Supported Education (pp. 328-356). Springer, Cham	[11]	1	1	1	1	4
Venter, M. (2020, April). Gamification in STEM programming courses: State of the art. In 2020 IEEE Global Engineering Education Conference (EDUCON) (pp. 859–866). IEEE	[12]	1	1	0	1	3
Castro, D., Arantes, F., & Werner, C. A tertiary mapping on the use of games for teaching software engineering. SBC – Proceedings of SBGames 2019. pp: 1120–1123	[13]	1	0	0	0	1
Maiga, J., & Emanuel, A. W. R. (2019). Gamification for Teaching and Learning Java Programming for Beginner Students-A Review. JCP, 14(9), 590–595	[14]	0	0	0	0	0
Milosz, M., & Milosz, E. (2020, April). Gamification in Engineering Education–a Preliminary Literature Review. In 2020 IEEE Global Engineering Education Conference (EDUCON) (pp. 1975–1979). IEEE	[15]	1	0	0	0	1
Vogel, P., & Grotherr, C. (2020). Collaborating with the Crowd for Software Requirements Engineering: A Literature Review. MCIS 2020 Proceedings. 1. https://aisel.aisnet.org/amcis2020/virtual_communities/virtual_communities/1	[16]	1	1	1	1	4

Tab. 2.6 Publikationsorte

Publikationsort	Veröffentlichte Studien	Jahr	Typ	Impact-Faktor
Journal of Systems and Software	[6, 9]	2018, 2019	Zeitschrift	2450
Information & Software Technology	[5]	2018	Zeitschrift	2726
International Conference on Computer Supported Education	[11]	2018	Konferenz	
International Conference on the Quality of Information and Communications Technology (QUATIC)	[7]	2018	Konferenz	–
International Working Conference on Requirements Engineering: Foundation for Software Quality	[8]	2019	Konferenz	–
International Conference on Software Process Improvement.	[10]	2019	Konferenz	–
2020 IEEE Global Engineering Education Conference (EDUCON)	[12]	2020	Konferenz	–
Americas' Conference on Information Systems (AMCIS)	[16]	2020	Konferenz	–

einer Crowdsourcing- und Gamifizierungsinfrastruktur für die Durchführung von RE-Aktivitäten zu entwickeln. Ein wichtiges Ergebnis ist, dass die Gamifizierung weniger für den Unterricht von Kursen angewendet wurde, die sich auf RE-Aktivitäten beziehen.

Autoren in [7] untersuchen die Gamifizierung im RE Kontext und heben die verwendeten Spielelemente, die anvisierten RE-Aktivitäten, die Vorteile der Verwendung von Gamifizierungen und die damit verbundenen Herausforderungen hervor. Die Ergebnisse zeigen, dass verschiedene Spielelemente zur Implementierung der Gamifizierung verwendet werden (mit Punkten und Ranglisten als Maximum) und die Ermittlung am meisten mit dem geringsten Fokus auf die Spezifikationsaktivität anvisiert wird. Die Gamifizierung hilft, die Teilnahme zu erhöhen und damit die RE-Aktivität (die am kommunikativsten und kollaborativsten ist) zu stärken, aber die Implementierung der Gamifizierung kann die Qualität der RE-Ergebnisse reduzieren.

Der Autor in [8] hob die Verwendung von Crowdsourcing in RE-Aktivitäten hervor, indem er sich auf die Identifizierung von RE-Aktivitäten konzentrierte, die von Forschern fokussiert wurden, und auf die verschiedenen Ökosystemelemente, die dazu beitragen, es mit RE-Prozessen zu integrieren. Die Implementierung von

Crowdsourcing erfordert eine sorgfältige Überlegung hinsichtlich der Menge, der Aufgabe, die gamifiziert werden soll, des Mechanismus, der angebotenen Anreize und der Qualität der Ergebnisse, jedoch wurde in der Literatur die Gamifizierung für verschiedene RE-Aktivitäten angewendet. Die Aktivitäten umfassen Ermittlung, Modellierung und Spezifikation, Analyse und Validierung, Priorisierung und Laufzeitüberwachung.

Der Autor in [9] präsentierte einen umfassenden Überblick über Crowdsourcing in SE. Das Ergebnis zeigt, dass Codierung, Testen, Design und Anforderungs-engineering zu den Aktivitäten gehören, auf die sich die Forscher konzentrieren. Die Anzahl der Studien in der Literatur ist begrenzt, was die Reife der Literatur einschränkt. Außerdem fehlen in der Literatur Studien zur Erfassung der Evolution der Software.

Die Autoren in [10] führten eine systematische Kartierungsstudie durch, um den Stand der Forschung im Bereich der Gamifizierung in der Softwaretechnik zu ermitteln. Die wichtigsten Erkenntnisse waren, dass es einen starken Bedarf an mehr empirischer Forschung in der gamifizierungsbasierten Softwaretechnik gibt. Der Autor in [12] führte eine Literaturübersicht durch, um den Stand der Technik der Gamifizierung im Unterricht von Programmierkursen für Studierende im Hochschulbereich zu ermitteln.

Der Autor in [16] führte eine Literaturübersicht durch, um den Stand der Technik der kollaborativen, auf der Menge basierenden RE, d. h. der Anwendung von kollaborativem Crowdsourcing auf verschiedene Anforderungsengineering-Aktivitäten, zu ermitteln.

Die Ergebnisse können in Tab. 2.7 zusammengefasst werden, die den Forschungsschwerpunktjeder Studie darstellt.

Tab. 2.7 Zusammenfassung der Studien

Papierreferenzen	Forschungsschwerpunkt
[11]	Gamification in Programming
[5]	Gamification in Software Engineering Education
[6]	
[7]	Gamification in Requirements Engineering
[8]	Crowdsourcing in Requirements Engineering
[9]	Crowdsourcing in Software Engineering
[10]	Gamification in Software Engineering
[12]	Gamification in Teaching Programming
[16]	Collaborative Crowdsourcing in Requirements Engineering

2.4   Zustand der Dinge im sozialen Sektor Kontext

Die Informationen in Tab. 2.7 können in eine 2×3-Matrix angeordnet werden, die sich über zwei Variablen erstreckt – Technologie (Crowdsourcing oder Gamification) und Fokus (Requirements Engineering oder Software Engineering oder Programmierung). Die Matrix ist in Tab. 2.8 dargestellt.

Tab. 2.8 hebt hervor, dass die Überprüfungsstudien den Stand der Technik entweder von Gamification oder Crowdsourcing überprüfen, wobei der Fokus entweder auf den Bereichen Requirements Engineering, Software Engineering oder Bildung (einschließlich Programmierung) liegt.

In der Literatur fehlen sekundäre Studien, die sich auf soziale Sektoren konzentrieren. Keine der 09 Studien berichtete über die Anwendbarkeit von Crowdsourcing und Gamification im Kontext des sozialen Sektors. Der Mangel an Umfragen, die sich auf Crowdsourcing und Gamification im sozialen Sektor konzentrieren, könnte daran liegen, dass dieses Gebiet noch in den Kinderschuhen steckt und noch nicht die Aufmerksamkeit der Forscher erregt hat.

Es stehen nur begrenzte Primärstudien zur Verfügung, die das Requirements Engineering im Kontext des sozialen Sektors untersuchen. Die browserbasierte soziale Softwareplattform für Social Requirements Engineering (SRE) namens Requirements Bazaar wurde in [17] vorgeschlagen. Das Tool ermöglicht es den Mitgliedern der Gemeinschaft (d. h., Stakeholdern) zur Ideengenerierung, Ideenauswahl und Realisierung zusammenzuarbeiten. Die Gemeinschaften können jeden einschließen – Benutzer, Designer, Programmierer und vieles mehr. Allerdings werden die Besonderheiten der Vielfalt der Benutzer im sozialen Sektor, insbesondere der weniger technikaffinen Benutzer, nicht gut berücksichtigt.

Die Autoren in [18] stellten eine Vision für die Massenbeteiligung der Benutzer an Requirements Engineering-Aktivitäten unter Verwendung demokratischer Konzepte wie delegiertem Voting und strukturierter Verfeinerung vor. Die Konzepte könnten im sozialen Sektor gut funktionieren, aber die Probleme in Bezug auf ihre Implementierung und Integration mit den verschiedenen technologieunterstützten Plattformen bleiben bestehen. Zum Beispiel bleibt unklar, wie ältere Menschen teilnehmen können und wie ihre Perspektiven mit denen, die leicht Zugang zu Online-Plattformen haben, zusammengeführt werden könnten.

Die Autoren in [19] stellten eine Vision über die Wechselbeziehung zwischen Requirements Engineering und Gesellschaft vor. Zum Beispiel ist es wichtig, die einzigartigen Bedürfnisse älterer Menschen bei der Nutzung von sozialen Medien

Tab. 2.8 Klassifizierung der Studien

Fokus \\ Technologie	Requirements Engineering	Software Engineering	Bildung/ Programmierung
Crowdsourcing	[8, 16]	[9]	–
Gamification	[7]	[10]	[5, 6, 11, 12]

Tab. 2.9 Details der Studien im Zusammenhang mit dem Sozialsektor

Studienreferenzen	Fokus	Einschränkung
[17]	Collaborative mass user participation in requirements engineering	Key issues remain unaddressed: 1. How the diverse users (especially less technology savvy users) can be involved in requirements engineering? 2. How the perspectives of different groups will be merged (if different mechanisms are used to reach different user groups).
[18]		
[19]	Requirements engineering and society	
[20]	Motivational modelling to reduce socio-technical gap	

zu analysieren, was die Technologie-Design-Entscheidungen erleichtern wird, die auf ihre Bedürfnisse abgestimmt sind. Requirements Engineering wird dazu beitragen, Systeme zu entwerfen, die sozial gut sind. Diese Arbeit bietet jedoch keine Techniken zur Einbeziehung der vielfältigen Benutzer zur Unterstützung der Softwareentwicklung im sozialen Sektor.

Der Autor in [20] hat motivationale Modellierung angewendet, um ein Live-System namens Ask Izzy zu entwickeln, ein System, das obdachlosen Australiern hilft, Informationen über die Dienstleistungen, die sie benötigen, zu identifizieren. Das Team war erfolgreich darin, die Bedürfnisse der speziellen Benutzergruppe – diejenigen, die mit Obdachlosigkeit konfrontiert sind, zu verstehen und Anforderungsengineering-Aktivitäten durch Überwindung der soziotechnischen Lücke durchzuführen. Das Ergebnis hat gute Lektionen für die Anforderungsingenieure, die an der Gestaltung von Lösungen für den Sozialsektor beteiligt sind, indem sie verschiedene Benutzer einbeziehen. Das Problem bleibt bei der mühelosen Einbeziehung verschiedener Benutzer in das Anforderungsengineering, insbesondere wenn sie geographisch verstreut sind und durch Unterschiede in Wissen, Fähigkeiten und Kompetenzen getrennt sind.

Tab. 2.9 gibt den Fokus und die Einschränkungen der Studien in Bezug auf ihre Anwendbarkeit für das Anforderungsengineering im Sozialsektor, d. h., Anforderungsengineering für die Softwareanwendungen, die von verschiedenen Bürgern des Landes genutzt werden sollen.

2.5 Diskussion

Der Autor in [1] berichtete durch die Fallstudie, dass die Vielfalt in den Nutzersegmenten des Sozialsektors die größte Bedrohung für die RE-Aktivität darstellt. Die gemischten RE-Techniken, d. h. die Vermischung von traditionellen und crowd-basierten Techniken, sollten ausgeführt werden, um die unterschiedlichen Perspektiven der Nutzersegmente bei begrenzten Ressourcen (insbesondere begrenzten finanziellen Ressourcen) zu identifizieren. Die Anzahl der Studien, die sich auf RE mit Crowdsourcing und Gamification konzentrieren, ist begrenzt, was das Anfangsstadium der Literatur widerspiegelt und ihre Fähigkeit, ausgefeilte RE-Techniken bereitzustellen, einschränkt. Die begrenzte Arbeit im RE-Bereich impliziert, dass die Unternehmen des Sozialsektors derzeit nur begrenzte Unterstützung aus der in der Literatur verbreiteten Forschung erhalten können. Autoren in [6] berichteten, dass die Gründe für die Auswahl von Spielelementen in der von ihnen untersuchten Forschung nicht erwähnt werden. Autoren in [7] hoben ebenfalls hervor, dass verschiedene Spielelemente in verschiedenen Studien verwendet werden. Autoren in [8] berichteten, dass die Spielelemente dem Personenprofil entsprechen sollten, um eine erfolgreiche Motivation und Teilnahme zu erzielen. Da die Nutzersegmente in Bezug auf ihre Expertise, geografische Standorte (jenseits der organisatorischen Reichweite) und Perspektiven sehr vielfältig sind, ist die Identifizierung der Spielelemente eine sehr aufwändige Aufgabe. Die Aufgabe wird durch die begrenzte Unterstützung aus der Literatur in Bezug auf die Zuordnung von Spieldesign zu den individuellen Nutzersegmentprofilen weiter erschwert. Dies bedeutet, dass die Gamification-Infrastruktur eine größte Validitätsbedrohung sein könnte, die die Qualität der RE-Aktivitätsergebnisse beeinflusst.

Begrenzte Anwendbarkeit der Gamification in der SE-Ausbildung (insbesondere RE-Aktivität), wie sie in [5, 6] identifiziert wurde, begrenzt den Wissenstransfer an die SE-Studenten, um Fachkenntnisse und Fähigkeiten spezifisch für die Herausforderungen des Sozialsektors zu erwerben. Zum Beispiel wird die Ermittlungsaktivität mehr praktische Erfahrung durch persönliche Interaktionen mit den Nutzersegmenten erfordern, um die Vielfalt in ihren Perspektiven, Ausdrücken, Sprachen und der Expertise im Umgang mit technologischen Produkten zu identifizieren. Das Verständnis dieser Faktoren wird ihnen helfen, die gamifizierten Crowdsourcing-Plattformen zu entwerfen, die für den Einsatz durch verschiedene Nutzer geeignet sind und computertechnisch fortgeschritten genug sind, um die Vielfalt in einheitliche Ergebnisse zu überführen, d. h. validierte und detaillierte Anforderungen an das System. Im Allgemeinen erfordern verschiedene RE-Aktivitäten mehrere iterative Interaktionen mit den vielfältigen und global verteilten Nutzern. Daher ist ein Verständnis des Problemfeldes erforderlich, um den Nutzern ein hohes Abstraktionsniveau über computertechnisch fortgeschrittene Systeme zu bieten.

Obwohl primäre Studien, die sich auf die Anforderungsingenieurwesen des Sozialsektors konzentrieren, eine gute Grundlage für den Wissensaufbau bieten, sind sie doch zu begrenzt, um einen einheitlichen Standpunkt formulieren zu können. Diese Studien schweigen darüber, wie verschiedene Nutzer (einschließlich älterer Menschen) in Entscheidungsaktivitäten des Anforderungsingenieurwesens einbezogen werden könnten und wie ihre Perspektiven berücksichtigt werden. Es besteht nun Einigkeit darüber, dass das von der Menge unterstützte Anforderungsingenieurwesen derzeit im Fokus der Forscher liegt, aber der Weg zur Sicherstellung der gleichberechtigten Vertretung der Nutzergruppen muss noch untersucht werden.

2.6   Schlussfolgerung und zukünftige Arbeit

Die Forschung zur Integration von Crowdsourcing und Gamification für sozialeSektor RE-Aktivitäten befindet sich noch in einem frühen Stadium. Die RE-Forschungsgemeinschaft muss die Herausforderungen des Sozialsektors genau verstehen, um eine maßgeschneiderte Lösung zur Automatisierung der RE-Aktivitäten zu entwerfen. Die maßgeschneiderte Lösung (für jedes Kundensegment) sollte ihre Motivationsebenen zur Teilnahme an RE-Aktivitäten fördern und gleichzeitig die Fähigkeiten des Systems zur Erfassung der Vielfalt der Nutzersegmente verbessern, was zu hochwertigen, bewerteten Softwareanforderungen führt. Crowdsourcing könnte dazu beitragen, vielfältige Perspektiven über die Softwarelösung zu erhalten, indem die Nutzer durch Gamification motiviert werden, aber die Vielfalt im Kontext des Sozialsektors könnte ihre Anwendbarkeit einschränken. In der Zukunft wird erwartet, dass die Forschungsgemeinschaft die Herausforderungen des Sozialsektors in die Formulierung von crowd-basierten RE-Lösungen mit guten Spielelementen integrieren könnte.

Die Studie identifizierte zwei Forschungs Fragen für die zukünftige Forschung in Crowdsourcing und Gamification basierten Sozialsektor RE. Dazu gehören:

RQ1. Wie können die vielfältigen Nutzer (insbesondere weniger technikaffine Nutzer) in das Anforderungsingenieurwesen einbezogen werden?
RQ2. Wie werden die Perspektiven verschiedener Gruppen zusammengeführt (wenn verschiedene Mechanismen verwendet werden, um verschiedene Nutzergruppen zu erreichen).

Literatur

1. V. Gupta, *Requirement Engineering Challenges for Social Sector Software Development: Insights from a Case Study.* (Communicated)
2. S. Deterding, D. Dixon, R. Khaled, L. Nacke, From game design elements to gamefulness: defining "gamification", in *Proceedings of the 15th International Academic MindTrek Conference: Envisioning Future Media Environments,* (2011), S. 9–15
3. B. Kitchenham, S. Charters, Guidelines for performing systematic literature reviews in software engineering, Technical Report (2007)
4. B. Kitchenham, R. Pretorius, D. Budgen, O.P. Brereton, M. Turner, M. Niazi, S. Linkman, Systematic literature reviews in software engineering–a tertiary study. Inf. Softw. Technol. **52**(8), 792–805 (2010)
5. R.D.A. Maurício, L. Veado, R.T. Moreira, E. Figueiredo, H. Costa, A systematic mapping study on game-related methods for software engineering education. Inf. Softw. Technol. **95**, 201–218 (2018)
6. M.M. Alhammad, A.M. Moreno, Gamification in software engineering education: a systematic mapping. J. Syst. Softw. **141**, 131–150 (2018)
7. R. Cursino, D. Ferreira, M. Lencastre, R. Fagundes, J. Pimentel, Gamification in requirements engineering: a systematic review, in *2018 11th International Conference on the Quality of Information and Communications Technology (QUATIC)*, Coimbra, Portugal, 4–7 Sept 2018, S. 119–125

8. J.A. Khan, L. Liu, L. Wen, R. Ali, Crowd intelligence in requirements engineering: Current status and future directions, in *International Working Conference on Requirements Engineering: Foundation for Software Quality*, Essen, Germany, 18–21 March 2019, S. 245–261

9. A. Sarı, A. Tosun, G.I. Alptekin, A systematic literature review on crowdsourcing in software engineering. J. Syst. Softw. **153**, 200–219 (2019)

10. G.A. García-Mireles, M.E. Morales-Trujillo, Gamification in software engineering: a tertiary study, in *International Conference on Software Process Improvement*, (Springer, Cham, 2019), S. 116–128

11. A.L. Dos Santos, M.R. Souza, M. Dayrell, E. Figueiredo, A systematic mapping study on game elements and serious games for learning programming, in *International Conference on Computer Supported Education*, (Springer, Cham, 2018), S. 328–356

12. M. Venter, Gamification in STEM programming courses: state of the art, in *2020 IEEE Global Engineering Education Conference (EDUCON)*, (IEEE, 2020), S. 859–866

13. D. Castro, F. Arantes, C. Werner, A tertiary mapping on the use of games for teaching software engineering, in *SBC – Proceedings of SBGames*, (2019), S. 1120–1123

14. J. Maiga, A.W.R. Emanuel, Gamification for teaching and learning Java Programming for beginner students-a review. JCP **14**(9), 590–595 (2019)

15. M. Milosz, E. Milosz, Gamification in engineering education–a preliminary literature review, in *2020 IEEE Global Engineering Education Conference (EDUCON)*, (IEEE, 2020), S. 1975–1979

16. P. Vogel, C. Grotherr, Collaborating with the crowd for software requirements engineering: a literature review, in *MCIS 2020 Proceedings* (2020), https://aisel.aisnet.org/amcis2020/virtual_communities/virtual_communities/1

17. D. Renzel et al., Requirements Bazaar: social requirements engineering for community-driven innovation, in *Proceedings of of IEEE RE*, (2013), S. 326–317

18. T. Johann et al., Democratic mass participation of users in requirements engineering? in *Proceedings of IEEE RE*, (2015), S. 256–261

19. G. Ruhe, et al., The vision: requirements engineering in society, Proceedings of IEEE RE 2017 S. 478–479.

20. R. Burrows et al., Motivational modelling in software for homelessness: lessons from an industrial study, in *Proceedings of RE*, (2019), S. 298–307

Kapitel 3
Herausforderungen des Anforderungsengineerings für die Softwareentwicklung im Sozialsektor: Erkenntnisse aus mehreren Fallstudien

Zusammenfassung Requirements Engineering (RE) ist ein Co-Creation-Prozess, der eine kontinuierliche Beteiligung der Benutzer erfordert. Die Vielfalt in den Benutzersegmenten hilft, den Softwaringenieuren eine ganzheitliche Sicht auf die erwartete Lösung aus verschiedenen Perspektiven zu bieten, aber diese Vielfalt stellt eine große Herausforderung für Softwaringenieure im sozialen Sektor dar. Das Ziel dieses Papiers ist es, zur Identifizierung der RE-Prozesse und der damit verbundenen Herausforderungen bei der Freigabe der Software auf den Sozialsektormärkten beizutragen. Um dieses Ziel zu erreichen, wird eine explorative Fallstudie mit zwei Softwareunternehmen durchgeführt, um die RE-Prozesse und die Herausforderungen bei der Durchführung solcher Prozesse mit den vielfältigen Benutzersegmenten zu identifizieren. Das Ergebnis der Fallstudie zeigt, dass die Vielfalt die Fähigkeit einschränkt, repräsentative Stichproben der Benutzerpopulationen mit demselben Satz von RE-Tools und -Techniken zu beteiligen, da eine Einheitslösung für alle Segmente nicht passt. Die vielfältige Benutzerbasis muss in verschiedene Segmente unterteilt werden, wobei jedes Segment mit einem geeigneten Satz von RE-Techniken ausgelöst wird, d. h. traditionelle und crowd-basierte RE. Die vielfältigen Perspektiven, die als Ergebnis der Interaktion mit jedem Segment gelernt wurden, müssen zu einer einzigen Perspektive über die Software, die im sozialen Sektor verwendet werden soll, zusammengeführt werden. Es besteht Bedarf an einem neuen RE-Prozess, der speziell für die Bewältigung der Komplexitäten des Sozialsektors konzipiert ist, den dieses Papier als Social Sector Requirements Engineering (SSRE) bezeichnet.

This chapter appeared in "Varun Gupta (2021) Requirement Engineering Challenges for Social Sector Software Development: Insights from Multiple Case Studies. Digit. Gov.: Res. Pract. https://doi.org/10.1145/3479982. © 2021 Copyright held by the owner/author(s)".

23

3.1 Einführung

Mahiti Infotech Pvt. Ltd., ein in Indien ansässiges Unternehmen mit Schwerpunkt auf technologischer sozialer Innovation, implementierte im Jahr 2012 ein Projekt namens „OurCrop". OurCrop ist eine freie und Open-Source-Software für landwirtschaftliche Institute zur Verwaltung landwirtschaftlicher Aktivitäten. Dieses soziale Innovationsprojekt stellte das Unternehmen vor mehrere Herausforderungen, zu den größten gehörten – das genaue Erforschen des Problemfeldes, das Übersetzen von Verständnissen in Softwareanforderungen und das Sicherstellen der kontinuierlichen aktiven Benutzerbeteiligung während des gesamten Softwareentwicklungsprozesses [1]. Diese Schwierigkeiten entstanden, weil die Hauptinteressengruppen des Systems die marginalisierten Segmente der Gesellschaft (d. h., Bauern) waren, die schwer in den Wissenstransfer mit dem Anforderungsingenieur (RE) Team einzubeziehen waren. Es gibt viele andere Anwendungen im sozialen Sektor, die sowohl von marginalisierten als auch von technologieaffinen Bürgern genutzt werden (zum Beispiel *Seguranca Social Direta* in Portugal), eine Vielfalt, die RE viel schwieriger zu bewältigen macht.

RE ist die Softwareentwicklung Unteraktivität, die versucht, die tatsächlichen Bedürfnisse der Kunden zu identifizieren, die dann nach einer sorgfältigen Analyse, Priorisierung und Validierung als Anforderungen dokumentiert werden. Der Hauptgrund für Projektmisserfolge in großen und kleinen Unternehmen (wie Start-ups) ist die Unfähigkeit, die beabsichtigten Benutzer zufriedenzustellen, d. h., die Bereitstellung von Funktionen, die von den Benutzern nicht benötigt werden [2–4]. Das bedeutet, dass das Anforderungsteam mit den Benutzern interagieren muss, um ihre Bedürfnisse zu identifizieren und das Set von Anforderungen mit ihnen zu validieren, bevor sie tatsächlich in funktionierende Software umgesetzt werden. Die Beteiligung der Benutzer ist daher eine notwendige Bedingung für den Projekterfolg [2, 5, 6].

Traditionelles RE beinhaltet Aktivitäten, die erfordern, dass die Benutzer in engem Kontakt mit dem Anforderungsteam am selben Ort und zur selben Zeit sind, mit dem Fokus auf eine begrenzte Anzahl von Benutzern [6]. Das auf Crowdsourcing basierende RE (genannt Crowd based RE) [7–9] und die Gamification-Versionen von RE (zur Förderung der Motivationsniveaus für kontinuierliche Benutzerbeteiligung [2, 10–14]) erfordern, dass die Benutzer Fähigkeiten haben, um auf die Crowdsourcing-Infrastruktur zuzugreifen.

Der soziale Sektor Markt besteht aus den Bürgern als Benutzern, die in Bezug auf ihre Demografie, Erwartungen, Gewohnheiten, technologische Erfahrung und so weiter sehr unterschiedlich sind. Darüber hinaus sind sie in weit entfernten Gebieten des Landes verteilt. Diese Vielfalt begrenzt die Anwendbarkeit des traditionellen RE, da eine Face-to-Face-Teilnahme mit unterschiedlichen Benutzern nicht machbar ist. Das auf Crowdsourcing basierende RE und das auf Gamification basierende RE sind ebenfalls begrenzt, da es schwierig ist, Bürger mit wenig oder keiner technologischen Expertise auf Online-Plattformen einzubeziehen. Darüber hinaus, wie in Kap. 2 diskutiert, befindet sich die Forschung in diesem Bereich im sozialen Sektor noch in einem frühen Stadium. Der Mangel an auf Crowdsourcing basierenden RE-Techniken, die spezifisch auf den sozialen Sektor ausgerichtet sind, begrenzt die Fähigkeit des RE-Teams, die RE-Aktivität durch die Einbeziehung verschiedener Benutzer partizipativ zu gestalten, was die Erfolgschancen der sozialen Software auf dem Markt weiter verringert. Die Softwarelösung erfüllt somit nicht die Bedürfnisse der Gesellschaft und liefert keine sozialen Güter (Vorteile für die Gesellschaft).

Ein wichtiger Aspekt bei der Kontaktaufnahme mit den Benutzern zur Erforschung des Problemfeldes ist, wie gut das Anforderungsteam den Markt des Produkts (mit anderen Worten, mögliche Benutzer) versteht und wie leicht sie es schaffen können, Kommunikationen mit ihnen herzustellen? Um den Zugang zu erleichtern, spielt die Rolle der Regierung eine entscheidende Rolle bei der Förderung des Wissenstransfers zwischen Bürgern und Anforderungsteam. Dies liegt daran, dass die Regierung vollständige Details über die möglichen Benutzer der Anwendungen im sozialen Sektor, persönliche Details über diese Benutzer (zum Beispiel Daten, die von den Bürgern selbst bei sozialen Institutionen zur Verfügung gestellt werden) und Ressourcen hat, um sie zur Teilnahme an RE-Aktivitäten zu motivieren. Der Erfolg von Anwendungen im sozialen Sektor hängt von der Fähigkeit ab, Produkt/Markt-Fit zu erreichen, was nur möglich ist, wenn die Bürger für das Anforderungsteam zugänglich sind. Die Regierungsprozesse sind ICT-fähig, was es ihnen ermöglicht, die großen Datenmengen über die Kunden zu speichern, zu verarbeiten und zu nutzen. Der starke Fokus der Regierung auf die Verbesserung der Dienstleistungen für die Bürger durch die Reduzierung der Bürokratie mit digitalen Werkzeugen (zum Beispiel blockchain-basiertes System für das Grundbuch) ist ein starker Motivator für mehr Investitionen in die Entwicklung von Softwareanwendungen für den sozialen Sektor der Nation. Dies ermöglicht es ihnen, ihren Fokus auf die Förderung von Transparenz, Prüfbarkeit, Rechenschaftspflicht, mühelosen und schnellen Dienstleistungen zu zeigen. Die Anpassung dieser Anwendungen im sozialen Sektor durch die Bürger ist jedoch probabilistisch, da sie nicht nur davon überzeugt werden müssen, solche Systeme zu nutzen, sondern das System auch ihren Bedürfnissen entsprechen muss. Die Regierung könnte als Brücke zwischen dem Anforderungsteam und den Bürgern fungieren, anstatt als Vertreter des Kunden zu handeln.

Das Ziel dieser Arbeit ist es, die verschiedenen Herausforderungen zu untersuchen, die von den Softwareentwicklungsunternehmen im Sozialsektor erlebt werden, und ihre RE-Praktiken zu studieren. Dieses Ziel wird durch eine explorative Fallstudie erfüllt, die mit den zwei multinationalen Softwareunternehmen in Indien und den USA durchgeführt wurde. Die explorative Studie wird durchgeführt, weil RE im Kontext des Sozialsektors ein unerforschtes Thema in der Literatur ist. Die untersuchten Unternehmen haben mehrere Tochtergesellschaften weltweit und sind an der Lieferung von Softwareprodukten für die Massenmärkte beteiligt, einschließlich des Sozialsektors. Zum Beispiel hat das Produktportfolio von Unternehmen A einen Beitrag von 50 % zu Produkten des Sozialsektors und das Produktportfolio von Unternehmen B hat 28 % Softwareprodukte des Sozialsektors.

Die Studie zielt darauf ab, die folgenden Forschungsfragen zu beantworten:

RQ1. Wie wird RE im Kontext von Anwendungen im Sozialsektor durchgeführt?
RQ2. Welche Herausforderungen gibt es bei der Durchführung von RE im Kontext von Anwendungen im Sozialsektor?

Diese Arbeit ist wie folgt strukturiert: Das Forschungsprotokoll für die Fallstudie wird in Abschn. 3.2 gegeben, gefolgt von einem kurzen Hintergrund zu den anwendbaren Techniken des Anforderungsengineering im Kontext des Sozialsektors. Abschn. 3.4 hebt das Ergebnis der Fallstudie hervor, das weiter durch einen realen Anwendungsfall in Abschn. 3.5 erklärt wird. Dies führte zu interessanten Diskussionen in Abschn. 3.5 und legte die Richtung für zukünftige Arbeiten fest. Das Rahmenwerk für zukünftige Forschungen, das aus den Fällen abgeleitet wurde, wird in Abschn. 3.7 gegeben, die Bewertung der Ergebnisse in Abschn. 3.8, die Auswirkungen auf die Regierung und Softwareingenieure in Abschn. 3.9 und schließlich wird die Arbeit in Abschn. 3.10 abgeschlossen.

3.2   Fallstudienprotokoll

Die Fallstudie wird gemäß den in [15] vorgeschlagenen Richtlinien durchgeführt. Dies beinhaltet fünf Schritte, d. h., Fallstudiendesign, Datenerhebungsverfahren, Sammlung von Beweisen, Analyse der gesammelten Daten und Berichterstattung. Diese Schritte werden unter Berücksichtigung der Validität und ethischen Fragen durchgeführt.

3.2.1   *Forschungsdesign*

Die Fallstudie ist eine eingebettete Mehrfachfallstudie, die die RE-Praktiken (**Analyseeinheiten**) in den Softwareunternehmen (**Fälle**) untersucht, die an der Software Entwicklung für den Sozialsektor (**Kontext**) beteiligt sind.
    Die Daten wurden in zwei Phasen gesammelt, nämlich:

a) Direkte Interviews, die mit Videokonferenzen durchgeführt wurden und
b) Beobachtung der von den Unternehmen geteilten Dokumente.

Die in der ersten Phase geteilten Erkenntnisse werden in der zweiten Phase erweitert, um Zweifel zu klären, abstrakte Details zu erläutern und neue Perspektiven zu behandeln, die nach der Analyse der gesammelten Daten auftauchen. Die Details der interviewten Unternehmen und ihrer Vertreter sind in Abschn. 3.2 gegeben. Die gesammelten Daten wurden wörtlich transkribiert und der Grounded Theory zur notwendigen Analyse unterzogen.
    Um die Validität der Ergebnisse zu gewährleisten, werden die vier Arten von Bedrohungen, d. h., Konstruktvalidität, interne Validität, externe Validität und

Zuverlässigkeit, beim Entwerfen und Durchführen des Fallstudienprotokolls berücksichtigt. Die gesammelten Daten nach dem Ende des Interviews in zwei Phasen und die endgültigen Ergebnisse wurden mit den Teilnehmern der Fallstudie geteilt, um sicherzustellen, dass ihre Perspektiven genau erfasst werden, wodurch die Konstruktvalidität adressiert wird. Die Fallstudie ist explorativ, daher ist die interne Validität keine Bedrohung. Die Verwendung von mehreren Ebenen der Datenerhebung durch zwei Methoden, d. h., Interviews und Archivanalyse und Bereitstellung der Beweiskette, adressiert die Zuverlässigkeit.

Die von den Unternehmensvertretern geteilten Daten stammen aus ihrer breiten Erfahrung in der Entwicklung von Anwendungen für den Sozialsektor, die auch für andere Unternehmen von Bedeutung sein könnten. Da die Unternehmen in Bezug auf ihren Arbeitskontext und ihre Ressourcen vielfältig sind, könnten die Ergebnisse für diese marginalen Fälle nicht so interessant sein und daher ist die externe Validität marginal betroffen.

3.2.2 Falldetails

Die Fälle in dieser Fallstudie wurden aus folgenden Gründen ausgewählt:

a) Die Unternehmen sind seit vielen Jahren auf dem Markt (und haben somit ein Konsortium von Produkterfahrungen als ihre strategischen Vermögenswerte).
b) Haben eine nachweisliche Erfolgsbilanz bei Softwareprojekten auf dem Markt.
c) Haben erfolgreich Software im Sozialsektor geliefert (als Teil ihrer sozialen Unternehmensverantwortung und zur Produktdiversifizierung auf Sozialsektor-märkten).

Diese Unternehmen haben mehrere Tochtergesellschaften weltweit und sind an der Lieferung von Softwareprodukten für die Massenmärkte beteiligt, einschließlich Sozialsektoren. Zum Beispiel hat das Produktportfolio von Unternehmen A einen Beitrag von 50 % zum Sozialsektor, und der Prozentsatz beträgt 28 % für Unternehmen B.

Tab. 3.1 gibt die Merkmale solcher Unternehmen ohne Offenlegung ihrer Identität an. Die Unternehmensvertreter stimmten der Teilnahme unter der Bedingung der Anonymität zu, daher wurden die Unternehmensnamen durch A und B ersetzt.

Die Fallstudie umfasste zwei Vertreter jedes Unternehmens. Die Vertreter waren leitende Manager, die vielfältige Erfahrungen in der Leitung der Kommerzia-

Tab. 3.1 Falldetails

S. Nr.	Unternehmensname	Hauptstandort der Fälle	Andere Standorte	Softwareprodukte
1.	A	Indien	Global	Großes Portfolio
2.	B	USA	Global	Großes Portfolio

lisierung von Projekten im Sozialsektor hatten. Ihre Teilnahme brachte vielfältige Perspektiven, die durch ihre Erfahrungen mit verschiedenen Projekten in verschiedenen Rollen getrieben wurden.

Tab. 3.2 gibt kurze Informationen über die von den untersuchten Unternehmen durchgeführten Projekte im Sozialsektor. Die Anzahl der von den Unternehmen durchgeführten Projekte im Sozialsektor zählt jede inkrementelle Version der an die Gesellschaft gelieferten Software als ein einzelnes individuelles Projekt.

3.3 Hintergrund

Gamification und Crowdsourcing wurden weitgehend in Software-Engineering-Aktivitäten (insbesondere Requirements Engineering (RE)) eingesetzt, um die Kraft des vielfältigen softwarebezogenen Wissens zu nutzen, das unter einer Menge motivierter Stakeholder verteilt ist. Diese Technologien erfordern technologische Plattformen (zum Beispiel soziale Netzwerke), um Menschenmengen aktiv in ausgelagerte Software-Engineering-Aufgaben einzubeziehen. Im Kontext von RE hilft Crowdsourcing den Anforderungsanalysten, die global verteilten Stakeholder (insbesondere die Benutzer) einzubeziehen, um ihr Feedback (oder Anforderungen) zu geben.

Die von den Stakeholdern bereitgestellten Anforderungen werden dann durch ihre sozialen Interaktionen in Form von Abstimmungen, Kommentaren usw. priorisiert [16, 17]. Crowdsourcing-Plattformen helfen dabei, eine große Anzahl von Benutzern zu erreichen, die global verteilt sind und daher nicht durch persönliche Interaktionen am selben physischen Ort erreichbar sind. Ihre Motivationsniveaus werden durch die Verwendung von Gamification gesteigert.

Die Literatur bietet gute Referenzen zu den bereits im Bereich des Crowdsourcingbasierten RE berichteten Arbeiten [18–29]. Die Gesamtanalyse der veröffentlichten Literatur legt nahe, dass das Crowdsourcing in generischen Einstellungen angewendet wurde, ohne sich auf einen spezifischen Anwendungsbereich zu konzentrieren (zum Beispiel sozialer Sektor oder öffentliche Verwaltung). Das auf der Menge basierende RE hat die Herausforderungen erlebt, wie die Fähigkeit der Crowdsourcing-Plattform, Rückmeldungen aus verschiedenen Feedback-Kanälen zu integrieren (zum Beispiel die Kombination von Benutzerfeedbacks aus App-Stores und sozialen Netzwerken), das effiziente Verarbeiten der hoch unstrukturierten und inakkuraten Benutzerfeedbacks, die in natürlichen Sprachen ausgedrückt werden, die Fähigkeit, dem Feedback-Anbieter zu vertrauen, ohne seine Privatsphäre auf Crowdsourcing-Plattformen zu gefährden (und die von illegitimen Benutzern ausgedrückten auszusortieren), das Aggregieren der Feedback-Antworten (kollektive Intelligenz) der Anbieter zur Unterstützung von RE-Entscheidungen. Aufbauend auf diesen Einschränkungen ist die Anwendbarkeit der Crowdsourcing-Techniken für RE im Anwendungsbereich des sozialen Sektors noch in ihren Anfängen.

Tab. 3.2 Projektdetails der untersuchten Unternehmen

S. Nr.	Firmen-name	Endnutzer	Zielsetzung des Problems	Gesamtzahl der Projekte im Portfolio	Anzahl der Projekte im Sozial-sektor	% Projekte im Sozial-sektor
1.	A	Institutionen des Sozial-sektors	Software für Social Media Analytics	68	20	50 %
			Bewertung von Ideen			
			Automatisierung von Aktivitäten			
			Steuer-management			
		Bürger	Kinderwohlfahrt		14	
			Medizinische Unterstützung für arme Familien			
			Bildung			
			Frauenunter-nehmertum			
2.	B	Institutionen des Sozial-sektors	Automatisierung von Aktivitäten	142	32	28 %
			Anträge auf Finanzierung			
			Auditberichte			
			Finanzierungs-management			
			Management von Crowdfunding-Kampagnen			
			Soziale Aus-wirkungsanalyse von Programmen			
			Steuer-management			
		Bürger	Bildung		08	
			Management von Obdachlosen			
			Nachhaltigkeit (Umwelt)			

Die Literatur hat begrenzte Studien, die sich auf das Requirements Engineering im Kontext des sozialen Sektors beziehen. Die begrenzten Studien behandeln zwar das Requirements Engineering im Kontext des sozialen Sektors, bieten jedoch keine rigorosen Lösungen, die die einzigartigen Herausforderungen von sozialen Softwareanwendungen angehen.

Die Autoren in [30] schlugen Requirements Bazaar vor – eine browser-basierte soziale Softwareplattform für Social Requirements Engineering (SRE), die es Community-Mitgliedern ermöglicht, Ideengenerierung, Ideenauswahl und Realisierung gemeinsam durchzuführen. Die Autoren in [31] äußerten eine Meinung über die Beteiligung der Benutzermassen an Requirements-Engineering-Aktivitäten unter Verwendung von delegiertem Voting und strukturierter Verfeinerung. Autoren in [32] äußerten eine Meinung über die Wechselbeziehung zwischen Requirements Engineering und Gesellschaft; mit Requirements Engineering, das die Bedürfnisse der Gesellschaft aufdeckt. Zum Beispiel ist es wichtig, die einzigartigen Bedürfnisse älterer Menschen zu analysieren, die soziale Medien nutzen, was die Technologie-Design-Entscheidungen erleichtern wird, die auf ihre Bedürfnisse abgestimmt sind. Der Autor in [33] wandte motivationsmodellierung an, um ein Live-System namens Ask Izzy zu entwickeln, ein System, das obdachlosen Australiern hilft, Informationen über die Dienstleistungen zu identifizieren, die sie benötigen. Das Team war erfolgreich darin, die Bedürfnisse der speziellen Benutzergruppe – diejenigen, die mit Obdachlosigkeit konfrontiert sind – zu verstehen und Requirements-Engineering-Aktivitäten durch Überwindung der sozio-technischen Lücke durchzuführen. Das Ergebnis hat gute Lektionen für die Requirements-Ingenieure, die an der Gestaltung von Lösungen für den sozialen Sektor beteiligt sind, indem sie verschiedene Benutzer einbeziehen.

Tab. 3.3 gibt den Fokus und Einschränkungen der Studien in Bezug auf ihre Anwendbarkeit für das Requirements Engineering im sozialen Sektor, d. h., Requirements Engineering für die Softwareanwendungen, die von den verschiedenen Bürgern des Landes genutzt werden sollen.

Tab. 3.3 hebt hervor, dass es notwendig ist, die Herausforderungen besser zu verstehen, denen Anforderungsanalysten bei der Erforschung des Problemgebiets von Anwendungen im Sozialsektor gegenüberstehen. Dieses Verständnis wird dazu beitragen, die zukünftige Forschung zu lenken, die sich mit den sozialen Herausforderungen in der Anforderungsengineering befasst.

3.4 Ergebnisanalyse

Die aus den Fällen gesammelten Daten werden analysiert, um Antworten auf die formulierten Forschungsfragen zu generieren. Die spezifischen Herausforderungen des RE im Zusammenhang mit der Anwendung im Sozialsektor werden einzeln unter den einzelnen Forschungsfragen unten erwähnt:

Tab. 3.3 Details der Studien im Zusammenhang mit dem Sozialsektor

Studien-referenzen	Schwerpunkt	Forschungstyp	Eignung für den Sozialsektor				Einschränkung
			Vielfalt der Nutzer	Geographischer Zugang	Computational Intelligence aus verschiedenen Perspektiven	Nicht-funktionale Aspekte wie Skalierbarkeit, Benutzerfreundlichkeit usw.	
[16]	Kollaborative Massenbenutzer-beteiligung in der Anforderungs-ingenieurwesen	Neue Arbeits-methode	Nein	Ja	Nein	Nein	Wichtige Fragen bleiben unbeantwortet:
[17]		Vision	Nein	Nein	Nein	Nein	Wie können die vielfältigen Benutzer (insbesondere weniger technikaffine Benutzer) in das Anforderungs-ingenieurwesen einbezogen werden?
[32]	Anforderungs-ingenieurwesen und Gesellschaft	Vision	Nein	Nein	Nein	Nein	
[33]	Motivations-modellierung zur Verringerung der soziotechnischen Lücke.	Neue Arbeits-methode	Nein	Nein	Nein	Nein	Wie werden die Perspektiven verschiedener Gruppen zusammengeführt (wenn verschiedene Mechanismen verwendet werden, um verschiedene Benutzergruppen zu erreichen)

3.4.1   RQ1 Wie wird RE im Kontext von Anwendungen im Sozialsektor durchgeführt?

Die Softwareunternehmen übernehmen in der Regel maßgeschneiderte (einzelne Kunden wie NGO oder die Regierung) und/oder Massenmarkt-Softwareentwicklung (breiter Markt) der Software im Sozialsektor. Beide untersuchten Unternehmen führen die RE-Aktivitäten in flexiblen, leichtgewichtigen Prozessen gemeinsam mit den Benutzern durch. Die Benutzer sind hinsichtlich ihrer technischen Expertise, Sprache, Alter, geografischen Standorte usw. sehr unterschiedlich. Dies begrenzt die Beteiligung der Masse der Benutzer während der gesamten RE-Aktivitäten. Darüber hinaus sind die Benutzersegmente außerhalb der Reichweite der Organisation, da sie global verteilt sein könnten. Zum Beispiel sagte einer der Befragten aus Unternehmen A: *„Die Anwendung im Sozialsektor könnte dazu bestimmt sein, Dienstleistungen für ältere Menschen anzubieten. Ihre gesundheitlichen Probleme, hohes Alter, technische Expertise usw. begrenzen ihre kontinuierliche Beteiligung während des RE. Das Beste, was wir tun könnten, ist, maximal mit ihnen zu interagieren, um die Interaktion in das Wissen umzuwandeln, das den Engineering-Prozess antreibt".*

Die Benutzer spezifizieren die Änderungen oder stellen neue Anfragen, indem sie die Probleme angeben, mit denen sie konfrontiert sind (d. h., die Schmerzpunkte). Das RE-Team bevorzugt es, die Benutzer zu beobachten und mit ihnen zu interagieren, um das Verständnis des Problemgebiets zu verbessern. Dieses Verständnis hilft ihnen, die Probleme in Softwareanforderungen zu übertragen, die in einer informellen Diskussion mit den Benutzern validiert werden. Laut einem der Befragten aus Unternehmen B: *„Aufgrund der Vielfalt der Benutzer und des Mangels an finanziellen Ressourcen für soziale Projekte müssen wir einen Ausgleich zwischen dem zu bietenden Wert und den für solche Angebote zu investierenden Anstrengungen finden. Das ist der Grund, warum wir RE-Aktivitäten als leichtgewichtige Prozesse durchführen, die von einem genauen und validierten Verständnis des Kundenproblemgebiets angetrieben werden".* Verständnis über das Problemgebiet und die Benutzer.

Die Art und Weise, wie die RE-Aktivitäten von den Unternehmen durchgeführt werden, wird in Tab. 3.4 erwähnt.

Das Ausmaß der Beteiligung der Benutzer an verschiedenen RE-Aktivitäten variiert, wie in Abb. 3.1 dargestellt (Anzahl der eingesetzten Benutzer vs. einzelne RE-Aktivitäten). Die grafische Darstellung basiert auf den durchschnittlichen Projektdaten der beiden Unternehmen (14 Projekte, die von Unternehmen A und 08 Projekte, die von Unternehmen B umgesetzt wurden).

Wie dargestellt, ist Abb. 3.2 eine weitere äquivalente Darstellung von Abb. 3.1, die grafisch die Variation der Benutzerbeteiligung für jede RE-Aktivität für die untersuchten Unternehmen zeigt. In Abb. 3.2 bezeichnet die Y-Achse die Anzahl der für verschiedene RE-Phasen eingesetzten Benutzer, die durch die X-Achse dargestellt werden.

Tab. 3.4 RE Aktivitäten

S. Nr.	RE Aktivität	Beteiligter Prozess
1.	Anforderungserhebung	Informelle Diskussionen und Beobachtungen
2.	Anforderungsanalyse	Manuell durch Anforderungsanalysten
3.	Priorisierung der Anforderungen	Durch ein Team von Anforderungsanalysten und Produktmanager auf der Grundlage ihres Bauchgefühls (Verständnis des Problemgebiets)
4.	Validierung der Anforderungen	Durch Prototypen (Animationen), die mit einer Stichprobe von Benutzern validiert werden
5.	Dokumentation der Anforderungen	Informell mit Computer Notizen oder Haftnotizen an der Wand
6.	Entwicklung der Anforderungen	Diskussion und Beobachtung der Benutzergruppe, die Änderungen an den Anforderungen angefordert hat (durch Ausdruck ihrer Probleme)

Abb. 3.1 Anzahl der Benutzer für einzelne RE-Aktivitäten

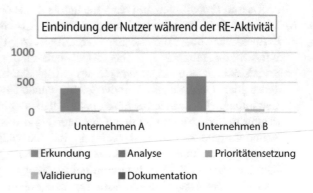

Abb. 3.2 Variation der Benutzerbeteiligung im gesamten RE für beide Unternehmen

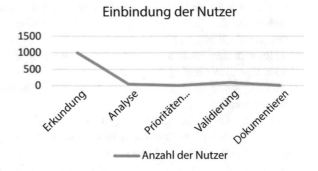

3.4.2 RQ2 Welche Herausforderungen gibt es bei der Durchführung von RE im Kontext von Anwendungen im Sozialsektor?

RE ist ein Co-Kreation-Prozess, der die Benutzer während des gesamten Prozesses einbeziehen muss. Allerdings muss das RE-Team zahlreiche Probleme bewältigen, während es die RE-Aktivität ausführt, wie unten aufgeführt:

a) Komplexer und unerforschter Problemraum: Der Problemraum ist zunächst unklar. Dies liegt daran, dass die Endbenutzer (Bürger) ihre Bedürfnisse nicht genau kennen. Einen Zugang zu guten Vertretern dieser Endbenutzer zu finden (da viele zunächst nicht bekannt sein mögen) und sie dazu zu bringen, an RE teilzunehmen, ist eine größere Herausforderung für das Anforderungsteam. Das Verständnis sozialer Probleme ist eine schwierigere Aufgabe, die Unternehmen sonst fehlt (zum Beispiel Sozialwissenschaftler). Die Unterstützung durch Sekundärdaten ist minimal, da sie weniger genau sein könnten und den Zweck möglicherweise nicht erfüllen. Die Unternehmen sammeln Nutzerprobleme von NGOs und Freiwilligen, um ein Verständnis des Problemraums zu erhalten.

b) **Vielfalt der Benutzer:** Benutzervielfalt ist die Quelle für vielfältige Perspektiven über die Lösung, vorausgesetzt, dass eine Crowdsourcing-Infrastruktur möglich ist. Dies ist jedoch eine große Herausforderung im Sozialsektor. Denn Anwendungen im Sozialsektor müssen allen berechtigten Teilen der Gesellschaft Vorteile bieten, unabhängig von jeglicher Voreingenommenheit. Minderheitensegmente haben eine gleichberechtigte Vertretung in der Lösung und dem Gesamterfolg des Systems. Die verschiedenen Segmente sind weiterhin schwerer in RE-Aktivitäten einzubeziehen, sowohl in den Unternehmensräumlichkeiten als auch auf Crowdsourcing-Plattformen. Zum Beispiel wird Crowdsourcing bei weniger technikaffinen Menschen, insbesondere bei Ungebildeten, Senioren usw., nicht machbar sein. Die Vielfalt behindert somit den Co-Kreation-RE-Prozess.

c) Finanzielle Einschränkungen: Die Anwendungen im Sozialsektor werden entweder von einem einzigen Kunden gekauft (maßgeschneidert) oder von vielen Kunden (Massenmarkt). Ihr Ziel ist jedoch der Kauf von Software für das soziale Wohl, d. h., um Vorteile für den Sozialsektor (d. h., die Menschen) ohne Profitinteresse zu bieten. Daher werden die Käufe durch Zuschüsse oder Spendenmittel getätigt, die begrenzt sind. Dies setzt den Softwareentwicklungsprozess unter Druck, da Kostenüberschreitungen zu Projektausfällen führen könnten.

Die finanziellen Einschränkungen werden für kleine Softwareunternehmen im Vergleich zu großen Unternehmen das größte Hindernis sein, um Software für das soziale Wohl zu liefern. Der Grund dafür ist, dass RE eine kostspielige Aktivität ist, da sie häufige Interaktionen mit global verteilten und vielfältigen Kunden erfordert, und das auf kontinuierlicher Basis. Der Bereich RE im Kontext des Sozialsektors muss noch an Attraktivität gewinnen, daher sollten die Unternehmen kontinuierlich Experimente mit den Benutzern durchführen, um validiertes Lernen zu erhalten, und stark in Forschungs- und Entwicklungsaktivitäten investieren, was bei großen Unternehmen im Vergleich zu kleinen eher machbar erscheint.

d) **Begrenzte Möglichkeiten für** Crowdsourcing **von vielfältigen Perspektiven:** Aufgrund der großen Vielfalt der Benutzer von Anwendungen im Sozialsektor in Bezug auf ihr Alter, ihre Bildung und Erfahrung, ist es schwierig, ihr Verständnis des Problemraums über Crowdsourcing-Plattformen zu erfassen. Darüber hinaus ist es schwierig, sie zu motivieren, die Crowdsourcing-Plattformen kontinuierlich zu nutzen, aufgrund ihrer Unkenntnis der vom System angebotenen Vorteile (aufgrund des fehlenden Verständnisses des Systembereichs).

Weiterhin, wenn das Crowdsourcing bei einigen Benutzersegmenten (zum Beispiel bei Studenten) vielversprechend erscheint, wird das Feedback dennoch laut und vielfältig in seiner Ausdrucksweise sein, was eine automatisierte Analyse mit Techniken der natürlichen Sprachverarbeitung sehr schwierig macht.

e) **Rolle der** Nicht-funktionalen Anforderungen: Sozialsektor-Anwendungen sollen von den Bürgern zur Lösung ihrer sozialen Probleme genutzt werden. Die Nutzerbasis ist sehr vielfältig und damit die Lösung von ihnen angenommen wird, sollte sie nicht-funktionale Anforderungen wie Benutzerfreundlichkeit, hohe Leistung, Sicherheit, Datenschutz usw. erfüllen. Die Fähigkeit der Software, die Benutzer zufrieden zu stellen, hängt nicht nur von ihren funktionalen Nutzen ab, sondern auch von den nicht-funktionalen Aspekten der Softwarelösung, die tatsächlich die Aufnahme der Innovation unter den Bürgern bestimmen. Darüber hinaus basiert die Identifizierung nicht-funktionaler Aspekte auf einer genauen Analyse der Benutzersegmente (zum Beispiel ihrer Vertrautheit mit der Nutzung von Smartphones), was bei geografisch verteilten, vielfältigen Benutzersegmenten schwer zu ermitteln ist.

Laut einem der Befragten aus Unternehmen B, *„wir haben eine Sozialsektor-Anwendung für Senioren entwickelt. Unsere Beobachtungen während der Anforderungserhebungsphase halfen uns zu erkennen, dass 50 % von ihnen nicht wissen, wie man Smartphones benutzt und ihre Handys nur für einfache Funktionen nutzen können. Dies half uns zu erkennen, dass die angebotene Lösung weniger Tastatureingaben haben sollte. Wir boten Authentifizierung auf Basis von Fingerabdrücken und die Funktionalität mit einer einfachen, berührungsbasierten grafischen Benutzeroberfläche an".*

Zum Beispiel greifen die Sozialsektor-Anwendungen auf die privaten persönlichen Informationen der Bürger zu und sind mit finanziellen Vorteilen verbunden. Dies erfordert starke Sicherheitsfunktionen, um einen Verstoß gegen die Systemsicherheitsmechanismen zu vermeiden. Außerdem ist es aufgrund der unterschiedlichen Kompetenzniveaus der Bürger und der verschiedenen Geräte, die sie verwenden, sehr herausfordernd, eine Lösung zu finden, die auf allen Plattformen optimal funktioniert.

f) **Technologische Lösung** Integrationsprobleme: Während des Anforderungsengineerings werden Anstrengungen unternommen, um die Softwareanforderungen einschließlich der nicht-funktionalen zu verstehen. Die
   größte Herausforderung besteht darin, dass in vielen Fällen die Software-
   lösungsarchitektur eine Integration mit anderen Anwendungen oder Datenbanken erfordert, die von der Regierung verwaltet werden. Dies erfordert die
   Gestaltung des Systems unter der Annahme eines positiven Ergebnisses der
   bürokratischen Prozesse, die an der Erlangung der Erlaubnis zum Zugriff auf
   die Informationen aus zentralisierten Datenbanken beteiligt sind.

g) Software-Evolution: Die Sozialsektor-Anwendung muss kontinuierlich weiter-
   entwickelt werden, da im Kontext des Sozialsektors die Umgebung sehr
   volatil ist. Zum Beispiel ändern sich die Regierungspolitiken immer. Dies
   erfordert einen sehr flexiblen RE-Prozess, um neue Perspektiven in Softwareanforderungen zu übertragen und sicherzustellen, dass weitere Entwicklungen
   nicht durch das Vorhandensein von technischen Schulden eingeschränkt sind.

3.5   Echter Anwendungsfall

Die Softwareanwendung im Problemfeld „Medizinische Unterstützung für
arme Familien" zielt darauf ab, die armen Familien (genannt Begünstigte) mit
einem zentralisierten System zu verbinden, das sich um ihre medizinischen
Behandlungen kümmert. Diese Softwareanwendung wird von der Firma A
implementiert.

Die Benutzerbasis war sehr vielfältig, da sie arme Familien, arme Senioren
(ohne Kinder), arme Waisenkinder usw. einschloss. Darüber hinaus ist die Anzahl
der Benutzer quantitativ zu groß und über das ganze Land verteilt, was die Fähigkeit des Anforderungsteams einschränkt, sie für die Anforderungserhebung zu
erreichen. Die schlechte finanzielle Situation dieser Benutzer deutet auf den
Mangel an Besitz von Smartphones und Hochgeschwindigkeitsinternet hin, was
die Ideen zur Nutzung von Crowdsourcing für die Anforderungserhebung einschränkt.

Das Anforderungsteam beschloss, die lokalen NGOs zu kontaktieren, um ein
besseres Verständnis des Problemfelds zu erlangen. Dies erwies sich als vorteil-
haft, da aus den Interaktionen unterschiedliche Perspektiven zum Problemfeld
hervorgingen. Basierend auf den Interaktionen fand das Team Zugang zu einigen
Beispielen der Benutzerbasis, die durch traditionelle face-to-face Anforderungs-
erhebungstechniken interviewt wurden, mit einem Fokus auf das Verständnis ihrer
Schmerzpunkte.

Weitere Interaktionen brachten weitere Erkenntnisse wie Schwierigkeiten beim
Zugang zu spezialisierten Behandlungen, zu viele bürokratische Prozesse bei der
Beantragung finanzieller Unterstützung für medizinische Behandlungen usw., die
von den NGOs nicht erwähnt wurden. Dies unterstreicht die Lücken zwischen
den Perspektiven der Stakeholder einschließlich der tatsächlichen Benutzer. Laut

einem der Befragten von Firma A, *„Der einzelne Kunde versteht die tatsächlichen Bedürfnisse der beabsichtigten Benutzer nicht und vertraut in der Tat stark auf sein Verständnis des Problemfelds, das nur unvalidierte Annahmen sind".*

Einige der Benutzersegmente wurden auch über Online-Videokonferenztechniken interagiert, wobei die entfernte NGO die Verantwortung für die Organisation solcher Treffen übernahm. Die Unterstützung der Freiwilligen bei der Beobachtung der armen Menschen und der Interaktion mit ihnen half dem Anforderungsteam, ihr Verständnis des Problemfelds zu erweitern. Es war jedoch zunächst schwierig, mit ihnen zu interagieren, da sie misstrauisch gegenüber den Aktivitäten des Anforderungsteams waren und sie nicht motiviert waren, weil sie nicht zuversichtlich waren, dass die Lösung ihr Leben verändern würde. Es war auch schwierig, die Benutzer zur Teilnahme an den Anforderungserhebungsaktivitäten zu motivieren. Laut einem der Befragten von Firma A, *„Der schwierigste Teil ist es, die Benutzer kontinuierlich in die RE-Aktivitäten einzubeziehen, weil sie den Wert des Produkts im ersten Moment nicht sehen, was ihre Motivationsniveaus einschränkt".*

Die Softwarelösung für das identifizierte Problem wurde mit zahlreichen Herausforderungen konfrontiert. Dazu gehören (a) die derzeit von den Benutzern verwendeten Mobiltelefone waren einfache Telefone und unterstützten keine mobilen Anwendungen, (b) die Benutzer haben wenig Erfahrung mit dem Zugriff auf Telefone für spezielle Aufgaben, d. h. den Zugriff auf mobile Apps, was bedeutet, dass die Lösung einen einfachen „Touch and Select"-Zugriff bieten sollte, (c) die Berechtigung der Begünstigten muss aus den Regierungsdaten überprüft werden, was den Zugriff auf die zentrale Datenbank erfordert und Datenschutzbedenken aufwirft, (d) es muss Sicherheit geboten werden, um den Missbrauch von Finanzinformationen oder falsche Abbuchungen von Geldern zu vermeiden, (e) die Anwendung sollte auch nicht-funktionale Merkmale unterstützen, um ihre Akzeptanz bei den Benutzern zu fördern.

Schließlich entschied das Anforderungsteam, dass die Softwarelösung die validierten Informationen der Begünstigten mit Hilfe der lokalen NGOs und Freiwilligen registrieren wird. Die Softwarelösung wird mobile Apps sein, die für die lokalen NGOs zugänglich sein werden (mit Ausnahme der Privatinformationen des Begünstigten). Die Mobilfunknummer des Begünstigten wird eindeutig mit seinen Finanz- und medizinischen Unterlagen verknüpft. Ein einfacher Anruf an die Nummer oder eine einfache Nachricht wird ihm/ihr ein Ticket ausstellen, was bedeutet, dass er/sie sich für die medizinischen Zahlungsanfragen registriert. Die Anfrage wird von der lokalen NGO und den Freiwilligen bearbeitet. Das System unterstützt Crowdfunding zur Verwaltung der Gelder für den wohltätigen Zweck.

3.6 Diskussion und zukünftige Richtungen

Die Vielfalt und Größe der Nutzer von Anwendungen im Sozialsektor stellt eine Herausforderung für die Weiterentwicklung der Softwareprodukte dar. Es ist allgemein bekannt, dass die Software kontinuierlich innoviert werden muss, um die Nutzer aufgrund von Veränderungen in den Nutzerbedürfnissen und Veränderungen in den Umgebungen (zum Beispiel, Regierungsregulierungen, Richtlinien, etc.) zufrieden zu stellen. Die Veränderungen in der Umgebung geschehen sehr häufig, was eine Bewährungsprobe für die Evolution der Software darstellt. Die Abbildung der vielfältigen Nutzerperspektiven in den Softwareanforderungen erfordert persönliche Interaktionen mit den Nutzern und starke Fähigkeiten, nicht-technische Aspekte (Nutzereinblicke) in technische (technische Anforderungen) zu übertragen.

Die aufkommenden Problemlösungsparadigmen wie Crowdsourcing und gamifiziertes Crowdsourcing (mit Spielelementen zur Steigerung der Motivation) sind keine Einheitslösung für alle Nutzersegmente. Diese Paradigmen könnten perfekt für die Segmente funktionieren, die technologieaffin sind oder Erfahrung im Umgang mit technologischen Plattformen haben. Für die verbleibenden Segmente sind verschiedene traditionelle RE-Techniken, die persönliche Interviews, nicht-technische Prototypen und Beobachtungen beinhalten, ein Muss. Das bedeutet, dass RE auf gemischte Weise ausgeführt werden muss, einschließlich der traditionellen RE und derjenigen, die aufkommende Problemlösungsparadigmen beinhalten. Es müssen Anstrengungen unternommen werden, um die Perspektiven, die durch traditionelle und neue RE-Prozesse gebracht werden, zu verschmelzen, was eine weitere Bewährungsprobe darstellt.

In der Zukunft sind folgende zwei Aspekte einer Untersuchung wert. Erstens ist es wichtig, die neuen RE-Prozesse zu untersuchen, die für diese Nutzer Segmente geeignet sind, die nicht durch die neuesten Technologien erreichbar sind. Dies stellt mehrere Herausforderungen dar, einschließlich:

a) Effiziente Wege, um nicht-technische Perspektiven in technische Perspektiven zu übertragen, die für Softwareentwicklungsteams geeignet sind, um damit zu arbeiten.

b) Identifizierung geeigneter Prototyp-Lösungen, die die Fähigkeit haben, so viele Informationen wie möglich über das Problemgebiet zu extrahieren, gefolgt von der Validierung.

c) Identifizierung der Wege, um die Nutzer in die Priorisierung der Softwareanforderungen einzubeziehen. Dies beinhaltet die Herausforderung, Anforderungen auf eine nicht-technische Weise den Nutzern zu präsentieren, um ihre Präferenzen zu erhalten und dann diese Präferenzen in Ranking-Entscheidungen zu übertragen. Ranking-Entscheidungen sollten auch Kompromisse mit den Perspektiven des Softwareentwicklungsteams lösen.

Der zweite Aspekt besteht darin, Probleme mit den Nutzersegmenten zu lösen, die durch die neuesten Technologien (oder Techniken) wie Crowd basiertes RE erreichbar sind, einschließlich der folgenden:

a) Design von Gamification, das verschiedene Nutzer im selben Segment motiviert. Zum Beispiel werden Sozialisierer mehr motiviert sein, wenn Spielelemente ihnen die Möglichkeit bieten, soziale Interaktionen zu verbessern.

b) Design von Crowdsourcing-Plattformen mit der Fähigkeit, Nutzerideen zu sammeln, soziale Interaktion zu fördern und die Interaktionen in RE-Entscheidungen wie priorisierte Liste von Softwareanforderungen umzuwandeln. Die automatisierten Lösungen für die natürliche Sprachanalyse der Crowd-Eingaben und sozialen Interaktionen werden die Genauigkeit der endgültigen Lösungen beeinflussen. Dies wird weiter behindert, weil die Nutzer ihr Feedback in verschiedenen Ausdrucksformen, verschiedenen Terminologien und auf verschiedenen Detailstufen geben werden. Einerseits muss die Privatsphäre der Nutzer respektiert werden und andererseits müssen die falschen Nutzer identifiziert und ihre Beiträge herausgefiltert werden.

c) Die Verschmelzung der Perspektiven der Nutzer mit denen, die nicht durch technologisch fortgeschrittene RE-Plattformen erreicht werden konnten, ist rechnerisch schwierig.

Das Gesamtziel besteht darin, Softwareunternehmen die Fähigkeit zu geben, das genaue und vertrauenswürdige RE-Prozessmodell auszuführen, das leichtgewichtig und flexibel ist. Es besteht die Notwendigkeit, Forschungsherausforderungen mit den aufkommenden RE-Lösungen und mit den traditionellen Prozessen zu adressieren, um eine gemischte Lösung zu bieten, die die Fähigkeit hat, RE zu einem reinen Co-Creation-Prozess mit den Nutzern zu machen.

3.7 Rahmenwerk

Die Ergebnisse der Fallstudie liefern ein nützliches Rahmenwerk, das die Grenzen für die zukünftige Forschung im Bereich Social Sector Requirements Engineering (SSRE) – Requirements Engineering für soziale Sektoranwendungen setzen könnte. Das SSRE-Rahmenwerk wird durch Abb. 3.3 dargestellt.

Das Rahmenwerk repräsentiert die folgenden Elemente:

a) **Prozesse:** Dies repräsentiert die RE Prozesse, die ein Konsortium von verschiedenen Techniken sind, die für jedes Benutzersegment angepasst sind. Die Zuordnungsprozesse konvertieren die nicht-technischen Perspektiven

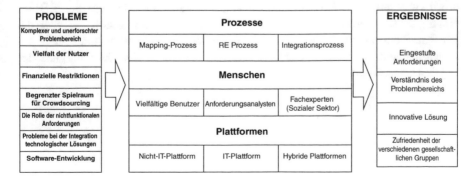

Abb. 3.3 SSRE-Rahmenwerk

der Benutzer in Softwareanforderungen (technisch). Die verschiedenen Perspektiven der Benutzersegmente, die während des RE gesammelt wurden, werden durch die integrativen Prozesse zu einem Systemverständnis zusammengeführt.

b) **Menschen:** Die Menschen, die am SRE beteiligt sind, umfassen verschiedene Benutzersegmente, Anforderungsanalysten und Fachexperten. Die Beteiligung von Fachexperten hilft den RE-Analysten, die von einigen Benutzersegmenten (zum Beispiel von Landwirten in ihrer lokalen Sprache) geteilten Perspektiven besser zu verstehen und ihr Verständnis für die sozialen Sektoren zu verbessern.

c) **Plattformen:** Um den Bedürfnissen der verschiedenen Benutzer gerecht zu werden, wird das SRE nicht-IT-basierte Mechanismen (zum Beispiel persönliche Interaktionen), IT-Plattformen (zum Beispiel eine Online-Webanwendung mit Crowdsourcing- und Gamification-Funktionen) und hybride Mechanismen (zum Beispiel eine Webanwendung mit Online-Interaktionen für nicht-technikaffine Benutzer und sozialen Interaktionen für technikaffine Benutzer) haben.

Das Gesamtergebnis des SSRE ist ein besseres Verständnis des Problemfelds des sozialen Sektors (was bei zukünftigen Softwareentwicklungen hilft) und eine Rangliste von Anforderungen, die das Potenzial haben, die verschiedenen Benutzersegmente zufrieden zu stellen.

3.8   Ergebnisbewertung

Um sicherzustellen, dass die in der Fallstudie gesammelten Daten sowohl gültig als auch genau sind, wurde die Mitgliederüberprüfung mit dem UnternehmenA und B durchgeführt. Insgesamt acht Mitarbeiter beider Unternehmen nahmen an der Ergebnisbewertung teil (mehr als die Anzahl der Teilnehmer an der Fallstudie). Dies stellt sicher, dass die Daten korrekt erfasst und analysiert wurden, wie von den Unternehmensvertretern geteilt, und dass die Unternehmensvertreter korrekte Daten geteilt haben.

Der Fragebogen zur Nachfallstudie wurde mit den Unternehmensmitarbeitern geteilt. Die Bewertungsskala von 1 (nicht einverstanden) bis 5 (stark einverstanden) wurde verwendet, um die Bewertungen der Mitarbeiter über die geteilten Informationen anzugeben. Die gesammelten Antworten sind in Tab. 3.5 zusammengefasst, die zeigt, dass die Mehrheit der Mitarbeiter der Gültigkeit der Ergebnisse zustimmte.

Tab. 3.5 Ergebnisbewertung

Frage	1	2	3	4	5	Eingewilligt?
Vielfalt ist die größte Bedrohung	0	0	0	1	7	Ja
Gemischte Anforderungsengineering-Techniken sind die Lösung im Sozialsektor	0	0	0	0	8	Ja
Alle Einschränkungen sind korrekt angegeben	0	0	1	2	5	Ja
Die Anforderungsengineering-Praktiken sind korrekt geteilt	0	0	0	0	8	Ja
Die Beteiligung der Benutzer nimmt ab der Anforderungserhebung ab	0	0	0	0	8	Ja

3.9   Implikationen für Regierung und Software-Ingenieure

Die Reformen im sozialen Sektor waren traditionell die Verantwortungder Regierungen. Öffentliche Einrichtungen sind dafür verantwortlich, ihre Dienstleistungen zur Beseitigung sozialer Probleme bereitzustellen, um der Gemeinschaft zu nutzen. Regierungsinstitutionen führen soziale Innovationen durch die Übernahme von Technologie durch, für die sie ihre Bedürfnisse an Drittunternehmen für Softwareentwicklung auslagern (einschließlich öffentlicher Unternehmen). Die Softwarefirmen haben die beste Expertise in der Durchführung technischer Arbeiten, aber ihnen fehlt das tiefere Verständnis für gesellschaftliche Herausforderungen (außer denen, die sie im täglichen Leben beobachten).

Die Zugänglichkeit der Gemeinschaft wird eine Herausforderung für die Anforderungsanalysten sein. Hochwertige Software wird Wert fürdie Bürger liefern, die indirekt für die Regierungen wertvoll sein wird, um ihre Ziele zu erreichen. Die Fähigkeit der Lösung, die Bedürfnisse der Gemeinschaft zu erfüllen und von ihnen akzeptiert zu werden, erfordert, dass ein Anforderungsanalyst mit sozialen Problemen vertraut ist. Damit dies geschieht, ist die Rolle der Regierung sehr wichtig. Die Unterstützung der Regierung wird nicht nur Softwarefirmen helfen, gute Qualität Software zu entwickeln, sondern sie wird der Forschungsgemeinschaft Zugang zu vielfältigen Erfahrungen bieten, die zukünftige Forschung antreiben wird, was zu rigorosen Anforderungsengineering-Lösungen führt.

3.10   Schlussfolgerungen

Die explorative Fallstudie identifizierte den RE-Prozess, der von den Softwareentwicklungsunternehmen durchgeführt wurde, und die damit verbundenen Herausforderungen bei der kontinuierlichen Lieferung von hochwertiger Software auf den Sozialsektormärkten. RE muss in der Lage sein, die vielfältigen Benutzerperspektiven kontinuierlich zu erfassen, um die Software für das soziale Wohl weiter zu innovieren. Kontinuierliche Interaktionen mit den Benutzersegmenten des Sozialsektors sind für RE unerlässlich, aber ihre Vielfalt ist eine größte Herausforderung für ihre kontinuierliche Beteiligung an evolutionärem RE. Die in traditionellem oder crowd-basiertem RE verwendeten Werkzeuge und Techniken werden nicht für alle Benutzersegmente im sozialen Kontext funktionieren. Tatsächlich sollte eine gemischte Mischung aus traditionellen und aufkommenden Techniken verwendet werden, um die divergierenden Perspektiven der vielfältig großen Benutzer auf eine einzige Perspektive über die Lösung zu konvergieren. Der Erfolg des SSRE hängt von der gemeinsamen Koordination zwischen Software-Ingenieuren und Regierungsinstitutionen ab.

Literatur

1. P. Bhatt, A.J. Ahmad, M.A. Roomi, Social innovation with open source software: user engagement and development challenges in India. Technovation **52**, 28–39 (2016). https://doi.org/10.1016/j.technovation.2016.01.004
2. R. Snijders, F. Dalpiaz, S. Brinkkemper, M. Hosseini, R. Ali, A. Ozum, REfine: a gamified platform for participatory requirements engineering, in *2015 IEEE First International Workshop on Crowd-Based Requirements Engineering (CrowdRE)*, Ottawa, ON (2015), pp. 1–6. https://doi.org/10.1109/CrowdRE.2015.7367581
3. N. Paternoster, C. Giardino, M. Unterkalmsteiner, T. Gorschek, P. Abrahamsson, Software development in startup companies: a systematic mapping study. Inf. Softw. Technol. **56**(10), 1200–1218 (2014). https://doi.org/10.1016/j.infsof.2014.04.014
4. M. Cantamessa, V. Gatteschi, G. Perboli, M. Rosano, Startups' roads to failure. Sustainability **10**, 2346 (2018). https://doi.org/10.3390/su10072346
5. F. Dalpiaz, R. Snijders, S. Brinkkemper, M. Hosseini, A. Shahri, R. Ali, Engaging the crowd of stakeholders in requirements engineering via gamification, in *Gamification*, (Springer, Cham, 2017), S. 123–135. https://doi.org/10.1007/978-3-319-45557-0_9
6. A. Menkveld, S. Brinkkemper, F. Dalpiaz, User story writing in crowd requirements engineering: the case of a web application for sports tournament planning, in *2019 IEEE 27th International Requirements Engineering Conference Workshops (REW)*, Jeju Island, Korea (South) (2019), S. 174–179. https://doi.org/10.1109/REW.2019.00037
7. E.C. Groen, N. Seyff, R. Ali, F. Dalpiaz, J. Doerr, E. Guzman, M. Hosseini, J. Marco, M. Oriol, A. Perini, M. Stade, The crowd in requirements engineering: the landscape and challenges. IEEE Softw. **34**(2), 44–52 (2017). https://doi.org/10.1109/MS.2017.33
8. J.A. Khan, L. Liu, L. Wen, R. Ali, Crowd intelligence in requirements engineering: current status and future directions, in *Requirements Engineering: Foundation for Software Quality. REFSQ 2019. Lecture Notes in Computer Science*, ed. by E. Knauss, M. Goedicke, vol. 11412, (Springer, Cham, 2019). https://doi.org/10.1007/978-3-030-15538-4_18
9. R. Sharma, A. Sureka, CRUISE: a platform for crowdsourcing requirements elicitation and evolution, in *2017 Tenth International Conference on Contemporary Computing (IC3)*, Noida (2017), S. 1–7. https://doi.org/10.1109/IC3.2017.8284308
10. M.Z. Kolpondinos, M. Glinz, GARUSO: a gamification approach for involving stakeholders outside organizational reach in requirements engineering. Requir. Eng. **25**, 185–212 (2020). https://doi.org/10.1007/s00766-019-00314-z
11. R. Cursino, D. Ferreira, M. Lencastre, R. Fagundes, J. Pimentel, Gamification in requirements engineering: a systematic review, in *2018 11th International Conference on the Quality of Information and Communications Technology (QUATIC)*, Coimbra (2018), S. 119–125. https://doi.org/10.1109/QUATIC.2018.00025.

12. M.Z. Huber Kolpondinos, M. Glinz, Behind points and levels — the influence of gamification algorithms on requirements prioritization, in *2017 IEEE 25th International Requirements Engineering Conference (RE)*, Lisbon (2017), S. 332–341. https://doi.org/10.1109/RE.2017.59.

13. F.M. Kifetew, et al., Gamifying collaborative prioritization: does pointsification work?, in *2017 IEEE 25th International Requirements Engineering Conference (RE)*, Lisbon (2017), S. 322–331. https://doi.org/10.1109/RE.2017.66.

14. F. Kifetew, D. Munante, A. Perini, A. Susi, A. Siena, P. Busetta, DMGame: a gamified collaborative requirements prioritisation tool, in *2017 IEEE 25th International Requirements Engineering Conference (RE)*, Lisbon (2017), S. 468–469. https://doi.org/10.1109/RE.2017.46

15. P. Runeson, M. Höst, Guidelines for conducting and reporting case study research in software engineering. Emp. Softw. Eng. **14**(2), 131 (2009)

16. V. Gupta, Comment on "A social network based process to minimize in-group biasedness during requirement engineering". IEEE Access **9**, 61752–61755 (2021). https://doi.org/10.1109/ACCESS.2021.3073379

17. S. Mughal, A. Abbas, N. Ahmad, S.U. Khan, A social network based process to minimize in-group biasedness during requirement engineering. IEEE Access **6**, 66870–66885 (2018). https://doi.org/10.1109/ACCESS.2018.2879385

18. U.S. Ghanyani, M. Murad, W. Mahmood, Crowd-based requirement engineering. Int. J. Educ. Manage. Eng. **3**, 43–53 (2018)

19. E.C. Groen, J. Doerr, S. Adam, Towards crowd-based requirements engineering a research preview, in *Requirements Engineering: Foundation for Software Quality. REFSQ 2015. Lecture Notes in Computer Science*, ed. by S. Fricker, K. Schneider, vol. 9013, (Springer, Cham, 2015). https://doi.org/10.1007/978-3-319-16101-3_16

20. S. Taj, Q. Arain, I. Memon, A. Zubedi, To apply data mining for classification of crowd sourced software requirements, in *Proceedings of the 2019 8th International Conference on Software and Information Engineering (ICSIE '19)*, (Association for Computing Machinery, New York, 2019), S. 42–46. https://doi.org/10.1145/3328833.3328837

21. A. Menkveld, S. Brinkkemper, F. Dalpiaz, User story writing in crowd requirements engineering: the case of a web application for sports tournament planning, in *2019 IEEE 27th International Requirements Engineering Conference Workshops (REW)*, (IEEE, 2019), S. 174–179

22. D.A.P. Sari, A.Y. Putri, M. Hanggareni, A. Anjani, M.L.O. Siswondo, I.K. Raharjana, Crowdsourcing as a tool to elicit software requirements, in *AIP Conference Proceedings*, vol. 2329, No. 1, (AIP Publishing LLC, 2021), S. 050001

23. A. Adepetu, A.A. Khaja, Y. Al Abd, A. Al Zaabi, D. Svetinovic, Crowdrequire: a requirements engineering crowdsourcing platform. In *2012 AAAI Spring Symposium Series* (2012)

24. M. Hosseini, A. Shahri, K. Phalp, J. Taylor, R. Ali, F. Dalpiaz, Configuring crowdsourcing for requirements elicitation, in *2015 IEEE ninth International Conference on Research Challenges in Information Science (RCIS)*, (2015), S. 133–138. https://doi.org/10.1109/RCIS.2015.7128873

25. R. Snijders, F. Dalpiaz, M. Hosseini, A. Shahri, R. Ali, Crowd-centric requirements engineering, in *2014 IEEE/ACM 7th International Conference on Utility and Cloud Computing*, (IEEE, 2014), S. 614–615

26. C. Li, L. Huang, J. Ge, J. Luo, V. Ng, Automatically classifying user requests in crowdsourcing requirements engineering. J. Syst. Softw. **138**, 108–123 (2018)

27. T. Ambreen, Handling socio-technical barriers involved in crowd-based requirements elicitation, in *2019 IEEE 27th International Requirements Engineering Conference (RE)*, (2019), pp. 476–481. https://doi.org/10.1109/RE.2019.00065

28. P.K. Murukannaiah, N. Ajmeri, M.P. Singh, Toward automating crowd RE, in *2017 IEEE 25th International Requirements Engineering Conference (RE)*, (2017), S. 512–515. https://doi.org/10.1109/RE.2017.74

29. E.C. Groen, Crowd out the competition, in *2015 IEEE 1st International Workshop on Crowd-Based Requirements Engineering (CrowdRE)*, (IEEE, 2015), S. 13–18

30. D. Renzel, et al., Requirements Bazaar: social requirements engineering for community-driven innovation, in *Proceedings of IEEE RE* (2013), S. 326–317

31. T. Johann, et al., Democratic mass participation of users in requirements engineering? in *Proceedings of IEEE RE* (2015), S. 256–261.

32. G. Ruhe, et al., The vision: requirements engineering in society, in *Proceedings of IEEE RE 2017*, Sept 2017, S. 478–479.

33. R. Burrows, et al., Motivational modelling in software for homelessness: lessons from an industrial study, in *Proceedings of RE* (2019), S. 298–307.

Kapitel 4
Anforderungsengineering-Prozess im Sozialsektor unter Verwendung von Kundenreisen

Zusammenfassung Das Forschungskapitel schlägt einen auf Crowdsourcing und Gamification basierenden Anforderungsengineering-Prozess (RE) vor, der Software-Ingenieuren hilft, die Funktionen für Anwendungen im sozialen Sektor zu identifizieren und zu bewerten. Anforderungsengineering-Aktivitäten werden durch die Zusammenführung der unterschiedlichen Perspektiven der heterogenen Menge (d. h. Bürger), die tatsächliche Nutzer der Softwareanwendung im sozialen Sektor sind, durchgeführt. Der Algorithmus ermittelt die Kundenreisen der Nutzer (d. h. der Bürger), die dann durch Initiierung sozialer Interaktionen zwischen den Nutzern weiter ausgearbeitet und priorisiert werden. Die vorgeschlagene Lösung wird anhand des realen Falls der Anwendung im sozialen Sektor bewertet, die für die soziale Wohlfahrt von einer der führenden indischen NGOs durchgeführt wurde. Die Aktivisten der NGO waren beteiligt, um Softwarefunktionen zusammen mit ihren Perspektiven zu ihren Prioritäten zu liefern, die mit den Benchmark-Ergebnissen verglichen wurden; die Ergebnisse wurden durch die 1-jährige Ausführungsgeschichte der live sozialen Sektoranwendung dargestellt.

4.1 Einführung

Requirements Engineering (RE) ist die Teilaufgabe des Software-Engineerings, die versucht, die tatsächlichen Bedürfnisse der Kunden zu ermitteln, die nach einer sorgfältigen Analyse, Priorisierung und Validierung als Anforderungen dokumentiert werden. Das Ziel des RE besteht darin, die Anforderungen der vorgeschlagenen Softwarelösung zu dokumentieren.

Sozialer Sektor(auch Dritter Sektor genannt) ist der Teil der Wirtschaft, der die Aktivitäten für das soziale Wohl umfasst, d. h., er bietet Vorteile für die Gesellschaft, indem er soziale Probleme wie Armut, Gesundheitsprobleme, Bildungsmangel, Hygiene, Hunger usw. angeht. Soziale Innovationen sind heutzutage ein Schwerpunkt der Regierung; Innovationen, die durch technologische Lösungen in die Gesellschaft integriert werden. Technologische Lösungen, die soziale Innovationen erreichen, benötigen Software-Ingenieure, um das Problemfeld

V. Gupta, *Requirements Engineering für Softwareanwendungen im sozialen Sektor*,
https://doi.org/10.1007/978-3-031-45820-0_4

45

zu erkunden und die sozialen Herausforderungen besser zu verstehen; um den Wertvorschlag zu identifizieren, der die sozialen Bedürfnisse am besten erfüllt. Die Zuordnung zwischen den technologischen Lösungen und den tatsächlichen Kundenbedürfnissen (die Regierungsinstitutionen und/oder Bürger sein können) ist eine herausfordernde Aufgabe, aufgrund der Vielfalt der tatsächlichen Nutzer [1]. Wie in Kap. 3diskutiert, ist die Nutzervielfalt das größte Hindernis für die Durchführung des partizipativen RE im sozialen Sektor, da die Anwendbarkeit des traditionellen RE eingeschränkt ist, da eine persönliche Teilnahme bei vielfältigen Nutzern nicht möglich ist. Hinzu kommt, dass der Mangel an Crowdsourcing-basierten Lösungen, spezifisch für den sozialen Sektor, wie in Kap. 2diskutiert, die RE-Aktivitäten ebenfalls hemmt.

Softwareunternehmen, die Software für soziale Start-ups (oder kleine und mittlere Unternehmen, KMUs oder sogar größere Unternehmen) liefern, um ihre sozialen Aktivitäten durchzuführen (zum Beispiel die Lieferung von Lebensmittel-paketen an bedürftige Menschen mit Hilfe eines automatisierten Tracking- und Verteilungssystems), müssen einen Kompromiss zwischen Produkt-/Marktfit und Entwicklungskosten (die den Verkaufspreis bestimmen) finden. Produkt-/Marktfit erfordert die Durchführung von partizipativen RE-Aktivitäten mit vielfältigen Nutzern und die Kostenoptimierung hängt von der Menge der in den Entwicklungs-prozess investierten Ressourcen ab. Um diese beiden Aspekte auszugleichen, ist ein optimaler Prozess für RE erforderlich, der für eine Vielzahl von Nutzern skalier-bar ist. Die Nutzerbeteiligung ist für den Erfolg der Softwarelösung auf dem Markt erforderlich. Um die Identifizierung von Softwareanforderungen aus verschiedenen Nutzerperspektiven zu erleichtern, bezieht das Anforderungsteam eine Vielzahl von Nutzern in die Anforderungserhebung über Online-Plattformen (zum Beispiel Crowdsourcing-Plattformen) ein; die Aktivität wird allgemein als Crowd-basiertes RE bezeichnet [2–4]. Um die Beteiligung der Nutzer weiter zu verbessern, ver-wendet das Anforderungsteam Spielelemente im Requirements Engineering; eine Aktivität, die als Gamification bezeichnet wird [5–10].

Die Autoren in [1] haben festgestellt, dass die Vielfalt in den Nutzersegmenten die größte Herausforderung für die Durchführung von RE-Aktivitäten im Bereich des sozialen Sektors darstellt; dies basiert auf der Tatsache, dass ein einziger Satz von Techniken, Werkzeugen und Prozessen nicht mit allen Arten von Nutzern funktioniert; sie definieren einen neuen Begriff namens Requirements Engineering im Sozialen Sektor (SSRE). Zum Beispiel können soziale Netzwerke nicht mit älteren Menschen verwendet werden, die weniger technikaffin sind und daher technologisch fortgeschrittene Lösungen nicht nutzen können. Traditionelles RE, das die Anwesenheit von Nutzern im selben physischen Raum erfordert, ist nicht machbar mit geografisch verteilten Nutzergruppen.

Die reichen sozialen Interaktionen zwischen den Benutzern durch Posten, Kommentieren und Bewerten der Anforderungen führen zu einem besseren Anforderungssatz, da sie die vielfältigen Perspektiven der Menge erfassen. Soziale Interaktionen führen jedoch manchmal zu Fehlalarmen, da Kommentare, Bewertungen und Posting-Aktivitäten auf den eigenen Perspektiven basieren, die auf dem Verständnis der Bedürfnisse anderer beruhen. Der Benutzer kann seine

Bedürfnisse aufgrund von Sprachproblemen, Sprachambiguitäten, der Verwendung von Jargons und vielem mehr nicht sehr klar ausdrücken. Um die Auswirkungen der Sprache auf die Anforderungsspezifikation zu reduzieren, könnte die Customer Journey verwendet werden, d. h. Benutzer können ihre Wege bei der Ausführung einer Aufgabe angeben, was für andere Benutzer leichter zu verstehen ist und sie weiterhin intrinsisch motiviert, teilzunehmen. Die Herausforderung besteht darin, die Vorteile der sozialen Interaktionen zu nutzen und sie mit den Benutzerdiversitätsproblemen auszugleichen. Dieser Artikel schlägt neue Methoden zur Ermittlung und Priorisierung von Anforderungen vor, die auf Folgendem basieren:

a) Kundenreisen: Dies repräsentiert die Aktivitäten, die Kunden durchführen müssen, um die Aufgabe abzuschließen. Zum Beispiel muss er sich zum Bezahlen der Sozialversicherung anmelden, die Zahlung auswählen, die Zahlung vornehmen und die Quittung drucken. Die Überlegung ist, dass Kundenreisen anderen Benutzern helfen, den Standpunkt anderer Benutzer besser zu verstehen und auf bessere Weise zur weiteren Verfeinerung der Reise beizutragen.
b) Crowdsourcing: Die RE wird durch Einbeziehung einer Menge von Benutzern durchgeführt. Um ihre Vielfalt zu berücksichtigen, wird das gleiche crowd-basierte RE mit homogenen Benutzersegmenten durchgeführt (zum Beispiel technologieaffine Benutzer). Die Ergebnisse des crowd-basierten RE, die auf verschiedenen homogenen Benutzersegmenten ausgeführt wurden, werden zusammengeführt, um ein einziges Ranking der Anforderungen zu ergeben.
c) Gamification: Die Spielelemente werden verwendet, um die Benutzer zur Teilnahme zu motivieren.

Der vorgeschlagene Algorithmus wurde anhand des realen Datensatzes der Sozialsektor-Anwendung, die von einer führenden indischen NGO verwendet wird, bewertet. Die Aktivisten der NGO (die an der Validierungsübung teilnahmen) gaben Informationen über die Softwarefunktionen und ihre Prioritäten; diese wurden dann mit den Benchmark-Ergebnissen verglichen; und die Ergebnisse erwiesen sich als vielversprechend im Kontext des Sozialsektors. Dieses Kapitel ist wie folgt strukturiert, Abschn. 4.2 liefert den theoretischen Hintergrund zu SSRE, Abschn. 4.3 liefert Details zum vorgeschlagenen Algorithmus, Abschn. 4.4 liefert ein hypothetisches Beispiel, die Bewertungsübung wird in Abschn. 4.5 durchgeführt und schließlich wird das Kapitel abgeschlossen und zukünftige Arbeiten werden in Abschn. 4.6 hervorgehoben.

4.2   Theoretischer Hintergrund

Die Autoren in [1] führten eine Fallstudie mit multinationalen Unternehmen, die sich mit der Entwicklung von Software für den Sozialsektor beschäftigendurch und berichteten, dass die Benutzersegmentdiversität die größte Herausforderung für die Durchführung von partizipativem RE darstellt. Eine einzelne RE-Technik findet ihre Nützlichkeit in der Entwicklung von Software für den Sozialsektor nicht und gemischte RE-Techniken (Mischung aus traditionellen und crowd-basierten Techniken) sollten entsprechend den Eigenschaften der anvisierten Benutzersegmente angepasst werden.

Der Autor in [11] führte eine tertiäre Studie der Literatur durch und berichtete, dass primäre und sekundäre Crowdsourcing und Gamification Studien, die sich auf die Durchführung von RE im Kontext des Sozialsektors konzentrieren, so begrenzt sind, dass es schwierig ist, eine Theorie zu entwickeln; eine Theorie, die für Anforderungsingenieure, die sich mit der Entwicklung von Software für den Sozialsektor beschäftigen, nützlich sein könnte. Das Gebiet befindet sich noch in den Kinderschuhen und hat noch nicht die Aufmerksamkeit der Forscher geweckt.

Begrenzte primäre Arbeiten auf diesem Gebiet werden in Studien [12–15] in Form einer Vision und neuer Methoden berichtet, aber sie haben eine begrenzte Anwendbarkeit, um die einzigartigen Herausforderungen des Sozialsektors, insbesondere die Vielfalt [1], zu bewältigen. Obwohl primäre Studien, die sich auf die Anforderungsingenieurwesen des Sozialsektors konzentrieren, eine gute Grundlage für den Wissensaufbau bieten, sind sie doch zu begrenzt, um einen einheitlichen Standpunkt formulieren zu können. Diese Studien schweigen darüber, wie verschiedene Benutzer (einschließlich älterer Menschen) in Entscheidungsaktivitäten des Anforderungsingenieurwesens einbezogen werden könnten und wie ihre Perspektiven berücksichtigt werden. Es besteht nun Einigkeit darüber, dass das durch die Masse unterstützte Anforderungsingenieurwesen im Fokus der Forscher steht, aber der Weg zur Sicherstellung der gleichberechtigten Vertretung der Benutzergruppen muss noch untersucht werden. Tab. 4.1 gibt einen Überblick über die Beschreibung der Einschränkungen der verfügbaren Literatur zum Anforderungsingenieurwesen des Sozialsektors.

Tab. 4.1 Studien zum RE konzentriert auf den Sozialsektor

Referenzen	Schwerpunkt	Forschungstyp	Vielfalt berücksichtigt	Einschränkung
[12]	Kollaborative Massenbenutzer-beteiligung im Anforderungs-ingenieurwesen	Neue Methode	Nein	1. Wie können die verschiedenen Benutzer (insbesondere weniger technikaffine Benutzer) in das Anforderungs-ingenieurwesen einbezogen werden? 2. Wie werden die Perspektiven verschiedener Gruppen zusammengeführt (wenn verschiedene Mechanismen verwendet werden, um verschiedene Benutzergruppen zu erreichen)
[13]		Vision	Nein	
[14]	Motivations-modellierung zur Verringerung der soziotechnischen Lücke.	Vision	Nein	
[15]	Kollaborative Massenbenutzer-beteiligung im Anforderungs-ingenieurwesen.	Neue Methode	Nein	

4.3 Arbeitsalgorithmus

Der Algorithmuserfasst die Kundenreisen von den Benutzern (d. h., den Bürgern), die dann durch Initiierung der sozialen Interaktionen zwischen den Benutzern weiter ausgearbeitet und priorisiert werden. Die Kundenreise (J) ist die Menge von N Werten, die die „N" Reisen der Kunden darstellen, die ihre Bedürfnisse und Vorteile repräsentieren. Die Aktivitäten des Anforderungsingenieurwesens werden vom Anforderungsingenieurwesen-Motor initiiert, während die Benutzer motiviert werden, kontinuierlich an den Aktivitäten für die reicheren sozialen Interaktionen durch den Gamification-Motor teilzunehmen.

Um die Einschränkung der Vielfaltder Benutzerbasis, insbesondere auf der Grundlage der Benutzerfreundlichkeit der technologischen Ressourcen, zu bewältigen, wird dieser Algorithmus in zwei Teilalgorithmen (Algorithmus 1 und Algorithmus 2) zerlegt. Der Algorithmus 1 ist für die Benutzer gedacht, die die technologischenRessourcen leicht nutzen können. Dieser Algorithmusermöglicht den Benutzern folgendes:

Der Benutzer kann folgendes tun (Anforderungsengineering-Motor):

- Ihre Reisen posten (Posten).
- Unter-Reisen zu den bereits geposteten Reisen hinzufügen (Unter-Posten).
- Die geposteten Reisen auf einer Skala von 1 bis 3 bewerten (3 bedeutet hohe Priorität) (Bewertung).

Gamification-Motoren geben Punkte an die Beiträger, die dazu dienen, die gefälschten Benutzer zu identifizieren und die Reisebewertungen entsprechend dem Ruf des Beiträgers zu normalisieren (gemessen an ihren angesammelten Punkten). Die Beiträger erhalten Punkte entsprechend ihrer Beteiligung am Prozess. Der Gamification-Motor vergibt dem Benutzer Punkte für jede Inter-aktion mit dem Crowdsourcing Motor, nach folgenden Regeln:

Posten:	2
Unter-Posten:	2
Bewertung anderer Beiträge:	1
Bewertungen, die von einem anderen Benutzer gegeben wurden:	1 (positive Bewertung) oder -1 (negative Bewertung)

Die allgemeine Ideeist, dass die Reisen mit vielen Unter-Reisendie hohe Priori-tät der Reise signalisieren, die in eine Softwareanforderung übersetzt werden soll. Jede einzelne Reise (oder Unter-Reise) wird von den Benutzern bewertet und die Punkte werden automatisch aktualisiert. Die einzelnen Bewertungen werden ent-sprechend der durchschnittlichen Anzahl der Benutzerpunkte normalisiert. Die Priorität der Hauptreise wird schließlich auf der Grundlage der Anzahl der Unter-Reisen und der durchschnittlichen Bewertungen, die die Unter-Reisen erhalten haben, berechnet.

Tab. 4.2 Algorithmus1

Lassen Sie J = Satz von N Kundenreisen.
1. [Posting]
Aktualisieren Sie Punkt( ).
[Update point( ) ist die Funktion, die Punkte aktualisiert, die mit einzelnen Benutzern verbunden sind].
2. [Sub Posting]
Aktualisieren Sie Punkt( ).
3. [Bewertung]
Aktualisieren Sie Punkt( ).
4. [Priorität berechnen]
Für jede J_i in J, $Bewertung_i$ = Bewertungen(i).
[Bewertungen(i) ist die Funktion, die die Summe der von Benutzern für die einzelne Reise i gegebenen Bewertungen zurückgibt].
$Bewertung_i$ = $Bewertung_i$ / Durchschnitt (Punkte)
[Dies hilft, die falschen Bewertungen durch die gefälschten Benutzer oder Fehler zu überwinden]
[Dieser Schritt normalisiert die Bewertung jeder Reise mit den durchschnittlichen Punkten der Beiträger].
Für jede J_i in J, Anzahl = Kind(J_i)
[Dieser Schritt berechnet die Anzahl der mit der Reise i verbundenen Unterreisen].
Priorität (J_i) = Anzahl * ($\sum Bewertung_i$/N) , für i = 1 bis N.
Erstellen Sie drei Strukturen der Reisen (und Unterreisen) und markieren Sie die Prioritäten.
Nennen Sie es Baum 1.

Der Algorithmus 2 ist für die weniger technologieaffinen Menschen gedacht (zum Beispiel ältere Menschen oder Analphabeten). Dieser Algorithmusstellt den Benutzern eine Liste von Kundenreisen zur Verfügung, die so formuliert sind, dass sie für Benutzer mit besonderen Bedürfnissen geeignet sind. Die Benutzer können Unter-Reisen hinzufügen und die Reisen bewerten. Die Priorität jeder Reise wird dann schließlich berechnet. Jede Kundenreise (und Unter-Reisen) hat zwei Werte der Priorität, die von P (P1, P2) gegeben werden, wobei P1 aus Algorithmus 1 und P2 aus Algorithmus 2 berechnet wird (Tab. 4.2). Die endgültige Priorität wird mit Hilfe von Algorithmus 3 berechnet (Tab. 4.3).

Schließlich wird die Prioritätberechnet durch die beiden Teilalgorithmen (Algorithmus 1 und 2) in eine einzige Priorität abgebildet, basierend auf dem gewichteten Durchschnitt, unter Berücksichtigung der Unterschiede in der Anzahl der Teilnehmer, unter Verwendung von Algorithmus 3 (Tab. 4.4).

4.4   Hypothetisches Beispiel

Betrachten Sie ein einfaches System, das durch zwei Kundenreisen dargestellt wird, die durch J0 und J1 bezeichnet werden. Die Reise J1 besteht aus drei Unterreisen J2, J3 und J4. Die Berechnung der Prioritäten basiert auf Bewertungen, die von zwei technologieversierten Benutzern gegeben wurden, ist in Tab. 4.5

Tab. 4.3 Algorithmus2

---

1. Formulieren Sie die von den Bürgern ausgedrückten Kundenreisen (in Algorithmus 1) in kurze, aussagekräftige Reisen um, die an Menschen mit besonderen Bedürfnissen kommuniziert werden können.

2. Senden Sie die Reisebeschreibungen an die Bürger (weniger technikaffine Menschen), mit folgender Bewertungsskala:

Kategorienbewertungen	1	2	3
Bedeutung	Einverstanden	Nicht einverstanden	Zweig

3. Die Bürger bewerten jede Reise mit der Skala 1, 2 oder 3. Im Falle von 3 schreiben sie in natürlicher Sprache, welchen zusätzlichen Wert die Berücksichtigung der Kategorie (Zweig-reise) bieten könnte.

4. **[Priorität berechnen]**
Für jedes J_i in J, Bewertung$_i$ = Bewertungen(i).
[Bewertungen(i) ist die Funktion, die die Summe der von den Benutzern für die einzelne Reise i gegebenen Bewertungen zurückgibt].
Bewertung$_i$= Bewertung$_i$ / Durchschnitt (Punkte)
[Dies hilft, die falschen Bewertungen durch die gefälschten Benutzer oder Fehler zu überwinden]
[Dieser Schritt normalisiert die Bewertung jeder Reise mit den durchschnittlichen Punkten der Beiträger].
Für jedes J_i in J, Anzahl = Kind(J_i)
[Dieser Schritt berechnet die Anzahl der mit der Reise i verbundenen Teilreisen].
Priorität (J_i) = Anzahl * (Σ Bewertung$_i$/N) , für i = 1 bis N.

5. Erstellen Sie drei Strukturen der Reisen (und Teilreisen) und markieren Sie die Prioritäten. Nennen Sie es Baum 2.

6. Rufen Sie den Algorithmus Merge auf.

---

gegeben. Benutzer U1 und U2 gelten als gleichberechtigt am RE-Prozess beteiligt, mit jeweils 10 Punkten.

Nehmen Sie nun an, dass es drei gleichberechtigte teilnehmende, aber weniger technikaffine Benutzer (zum Beispiel Senioren) gibt, die als U3, U4 und U5 bezeichnet werden und jeweils 10 Punkte haben. Die Berechnung der Prioritätenist in Tab. 4.6 dargestellt.

Um die endgültige Priorität der beiden Benutzerreisen J0 und J1 zu berechnen, wird Algorithmus 3 ausgeführt. Für das hypothetische System gilt N (Baum1) < N (Baum 2), daher $\Delta N = N(Baum2) - N(Baum1)$; $\Delta N = 1$. Die Priorität wird wie folgt berechnet:

P(Ji) = (ΔN * Priorität (Ji aus Baum1) + Priorität (Ji aus Baum2))/2
P(J1) = (1 * 1,65 + 2,79)/2 = 2,22
Für J0 besteht eine Übereinstimmung zwischen P(J0) und P(J0), daher P(J0) = 0,3

4.5 Ergebnisvalidierung

Der Algorithmus wurde durch die Durchführung der folgenden Aktivitäten validiert:

Tab. 4.4 Algorithmus 3: Zusammenführen

1. Rufen Sie Algorithmus 1 auf, um Kundenreisen zu ermitteln und zu bewerten. Nennen Sie das priorisierte Set als Rang 1.
2. Rufen Sie Algorithmus 2 auf, um Kundenreisen zu bewerten, wie sie durch Rang 1 dargestellt werden. Nennen Sie das priorisierte Set als Rang 2.
3. Berechnen Sie die Übereinstimmung zwischen Rang 1 und Rang 2 mit dem Korrelationskoeffizienten von Kendall. Wenn das Ergebnis ist:
(a) Wenn $\tau = 1$ (perfekte Korrelation), dann finalisieren Sie das Ranking und beenden Sie.
(b) Wenn $\tau \, != 1$ (Keine Korrelation), dann gehen Sie zu Schritt 4.
4. Erstellen Sie ein Crowd-Diagramm G (V, E) durch Analyse von Baum 1 und Baum 2, unter Verwendung der folgenden Regeln. V ist die Menge der Knoten und E ist die Menge der Kanten. Jede Reise wird durch die Knoten des Diagramms G dargestellt. Jeder Knoten ist beschriftet mit dem Tripel (Name der Reise, Anzahl der Teilnehmer (N), BerechnetePriorität (P)). Folgende Regeln gelten:
(a) Für jede Reise J, erstellen Sie einen Knoten im Diagramm G.
(i) **Berechnen Sie normalisierte Vektoren.**
Wenn N (Baum1) > N (Baum 2) dann $\Delta N = N(Baum1) - N(Baum2)$
Sonst $\Delta N = N(Baum2) - N(Baum1)$
(ii) **Berechnen Sie die endgültige Priorität, mit:**
Wenn N (Baum1) > N (Baum 2)
$P(J_i) = (Priorität (J_i \text{ aus Baum1}) + \mathbf{\Delta N} * Priorität (J_i \text{ aus Baum2}))/2$.
Sonst
$P(J_i) = (\mathbf{\Delta N} * Priorität (J_i \text{ aus Baum1}) + Priorität (J_i \text{aus Baum2}))/2$.
(b) Wiederholen Sie Schritt (a) für jede Reise J.
7. Beenden.

Tab. 4.5 Berechnung der Kundenreisenpriorität für technologieversierte Benutzer

Kundenreise	Summe der Bewertungen	Priorität (Algorithmus 1)
J0	6	6/20 = 0,3
J1	4	3 * (4/20 + 2/20 + 3/20 + 2/20) = 1,65
J2	2	
J3	3	
J4	2	

Tab. 4.6 Prioritätenberechnung der Customer Journey für weniger technikaffine Benutzer

Customer Journey	Summe der Bewertungen	Priorität (Algorithmus 1)
J0	8	14/30 = 0,3
J1	9	3 * (9/30 + 7/30 + 6/30 + 6/30) = 2,79
J2	7	
J3	6	
J4	6	

a) Die sozialen Verbesserungsprogramme , die von der NGO-Stiftung gestartet wurden, wurden überprüft und ein solches Programm namens „System für transparente Finanztransaktionen von Wohltätigkeitsfonds" wurde als Benchmark ausgewählt. Dieses System ermöglicht es den Nutzern, Geld zu spenden, zu überprüfen, wie ihr Geld in Echtzeit ausgegeben wird und den allgemeinen finanziellen Status. Blockchains wurden verwendet, um die Prüfbarkeit und Transparenz im Prozess zu gewährleisten. Die Begründung für die Auswahl dieses Systems als Benchmark-Fall war, dass das System seit 1 Jahr in Gebrauch war und auf dem Markt sehr erfolgreich war. Mit anderen Worten, die NGO hat die Details über die Beitragszahler und ihre Interaktionen mit dem System. Diese Details werden verwendet, um die Nutzer für die Validierung des Algorithmus auszuwählen. Nur die Nutzer, die ein Konto mit dem System erstellt und ihre Zustimmung zur Erhaltung der NGOUpdates und Kommunikationen gegeben haben, werden ausgewählt. Die Details der Beitragszahler halfen, die Stichprobe in zwei Kategorien zu unterteilen – G1 (Gruppe von Nutzern, die in der Altersgruppe von 18-45 Jahren sind) und G2 (Nutzer mit 60 plus Alter). Die Interaktion der Nutzer mit dem System half, ihnen anfängliche Punkte zu vergeben, indem die folgenden Formeln verwendet wurden:

Punkt = $\sum$ aa * Anzahl der Interaktionen mit dem System, von 1 bis M, wobei M die maximale Anzahl der Interaktionen ist, die der Nutzer hatte.

aa: Konstante, die Werte entsprechend der Art der Interaktionen, die der Nutzer hat, annimmt. Die Werte sind den Interaktionen zugeordnet, wie in Tab. 4.7 angegeben.

b) Die Gruppen G1 und G2 wurden per E-Mail angesprochen und ihre Zustimmung zur Teilnahme an der Forschung wurde eingeholt, bevor sie in den Prozess der Ermittlung und Priorisierung einbezogen wurden. Google Tabellen wurden zwischen den G1 und G2 Nutzern geteilt, um die soziale Interaktion zu erleichtern. Die Stichprobe umfasst 24 Nutzer in G1 und 24 in der Gruppe G2. Der gesamte Prozess war für die Dauer von 3 Stunden geplant.

c) Folgende Belohnungen wurden den Nutzern für ihre aktive Teilnahme genannt, die auf der Grundlage der Erreichung der Punkte vergeben wurden, wie in Tab. 4.8angegeben.

Tab. 4.7 Zuordnung von Wertenje nach Art der Transaktionen

Typ a	Informational (Überprüfung derFinanzausgaben)	Navigational (Navigation auf derWebsite)	Transactional (Spenden)
	3	1	5
Begründung	Benutzer haben ein starkesInteresse, die Finanzausgaben zu überprüfen	Benutzer ist motiviert,überprüft aber nur Details	Benutzer ist hoch motiviert, wieseine Spendenaktion zeigt

Tab. 4.8 Zuordnung von Werten je nach Art der Transaktionen

Punkte	Belohnung
50	Einladung zurKernmitgliedergruppe der Stiftung
100	Einladung zur Elitegruppe derStiftung

d) Gruppe G1 wurde gebeten, ihre Reisen/Teilreisen zu nennenund andere Reisen zu bewerten. Die Vermittler (zwei Mitglieder der JAX-Stiftung) beobachteten kontinuierlich die gesamte Interaktion von 3 Stunden. Die Vermittler berechneten manuell die Punkte der Nutzer und formulierten die Beschreibungen der Reisen neu. Die Priorität wurde auch auf der Grundlage der Punkte und Bewertungen der Nutzer berechnet (Algorithmus 1). Die Reisen, Teilreisen und Prioritäten sind in Tab. 4.3 angegeben.

e) Gruppe G2 wurden die Reisenvorgestellt, wie sie von der Gruppe G1 ermittelt wurden. Sie wurden gebeten, ihre Reisen/Teilreisen zu nennen und andere Reisen zu bewerten. Die Vermittler berechneten manuell die Punkte der Nutzer und formulierten die Beschreibungen der Reisen neu. Die Priorität wurde auch auf der Grundlage der Punkte und Bewertungen der Nutzer berechnet (Algorithmus 2). Die Reisen, Teilreisen und Prioritäten sind in Tab. 4.3 angegeben.

f) Die Prioritätenliste, die für die Gruppen G1 und G2 berechnet wurde, hatte den Wert des Korrelationskoeffizienten von Kendall (τ) von 0,78, was bedeutet, dass es eine starke Korrelation zwischen den beiden Bewertungen gibt. Da es jedoch nicht die Einheit ist, wurde der Algorithmus 3 ausgeführt, um die endgültigen Prioritäten zu berechnen. Die endgültigen Prioritäten sind in Tab. 4.9 angegeben.

Das endgültige Ranking ergibt die Reisen in der Reihenfolge J3 = J4, J1 = J2, J5. Der tatsächliche Zugang zum Benchmark-System auf der Grundlage des Nutzerverkehrs und ihrer Interaktionen entspricht der Tatsache, dass in der Realität die Anforderungen, die diesen Reisen entsprechen, in der gleichen Reihenfolge ausgeführt werden.

4.6   Schlussfolgerung und zukünftige Arbeit

Der Erfolg der technologischen Lösungen hängt von ihrer Fähigkeit ab, die Bedürfnisse der Kunden zu erfüllen, für die RE von größter Bedeutung ist. Im Kontext des sozialen Sektors ist es sehr herausfordernd, die Bedürfnisse verschiedener Kunden zu identifizieren und zu rangieren, da es schwierig ist, kollektive Intelligenz durch die Aggregation der Benutzersichten zu erzeugen, die unter der Menge verteilt sind. Gemischte RE-Techniken mit verschiedenen Crowdsourcing-Plattformen sollten an die Benutzersegmentcharakteristiken angepasst werden und die Perspektiven, die von jeder Segmentteilnahme gebracht werden, sollten auf rationale Weise zusammengeführt werden. Dieser Artikel stellt einen solchen Ansatz vor, bei dem RE-Techniken über eine Menge von homogenen Benutzersegmenten ausgeführt

Tab. 4.9 Kundenreisen und Prioritäten

Kundenreisen	Gruppe G1 Priorität	Gruppe G2 Priorität	Endgültige Priorität
J1: Der Benutzer sollte seine Mitgliedsnummer eingeben, den Beitrag auswählen undnavigieren, um die Dokumente und Fortschrittsbilder zu sehen	2	4	3
J2: Der Benutzer gibt seine Anmeldedaten ein und kann die verschiedenen laufendenProjekte sehen, die um Spenden bitten	3	3	3
J3: Der Benutzer sollte laufende Projekte Informationen basierend auf dem Standort,Fortschritt und gemachten Beiträgen sehen	4	3	3,5
J4: DerBenutzer sollte entweder ein laufendes Projekt für Spenden auswählen oder fürallgemeine Fonds spenden Zwei Unterreisen beinhalten: **J4(a):**Möglichkeit, konsolidierte Informationen über die laufenden Projekte zu erhalten **J4(b):**Spenden von Fonds	4	6	5
J5: Der Benutzer sollte in der Lage sein, leicht durch die Website zu navigieren, ummehr Informationen zu erhalten, bevor er seine Assoziationenentscheidet	2	3	2,5

werden, die durch Gamification motiviert und durch geeignete Crowdsourcing-Plattformen unterstützt werden, um Kundenreisen zu identifizieren und zu rangieren. Die einzelnen Ergebnisse werden dann zusammengeführt, was zu einer einzigen Rangliste der Kundenreisen führt. Soziale Interaktion durch Kundenreise hilft, die Perspektiven des Benutzers, der seine Bedürfnisse postet, für andere Benutzer sichtbarer zu machen, was die Chancen von Falschpositiven begrenzt. In Zukunft wird erwartet, dass diese Technik auf verschiedene soziale Netzwerke skaliert und ihre Effizienz über Millionen von Bürgern als Benutzer in einer Längsschnittstudie validiert werden kann.

Literatur

1. V. Gupta, Requirement Engineering Challenges for Social Sector Software Development: Insights from a Case Study, Digital Government: Research and Practice. (Under Review)
2. E.C. Groen, N. Seyff, R. Ali, F. Dalpiaz, J. Doerr, E. Guzman, M. Hosseini, J. Marco, M. Oriol, A. Perini, M. Stade, The crowd in requirements engineering: The landscape and challenges. IEEE Softw. **34**(2), 44–52 (2017)
3. J.A. Khan, L. Liu, L. Wen, R. Ali, Crowd intelligence in requirements engineering: current status and future directions, in *Requirements Engineering: Foundation for Software Quality. REFSQ 2019. Lecture Notes in Computer Science*, Hrsg. by E. Knauss, M. Goedicke, vol. 11412, (Springer, Cham, 2019). https://doi.org/10.1007/978-3-030-15538-4_18
4. R. Sharma, A. Sureka, CRUISE: a platform for crowdsourcing requirements elicitation and evolution, in *2017 Tenth International Conference on Contemporary Computing (IC3)*, Noida (2017), S. 1–7. https://doi.org/10.1109/IC3.2017.8284308

5. R. Snijders, F. Dalpiaz, S. Brinkkemper, M. Hosseini, R. Ali and A. Ozum, REfine: a gamified platform for participatory requirements engineering, in *2015 IEEE First International Workshop on Crowd-Based Requirements Engineering (CrowdRE)*, Ottawa, ON (2015), S. 1–6. https://doi.org/10.1109/CrowdRE.2015.7367581

6. M.Z. Kolpondinos, M. Glinz, GARUSO: a gamification approach for involving stakeholders outside organizational reach in requirements engineering. Requir. Eng. **25**, 185–212 (2020). https://doi.org/10.1007/s00766-019-00314-z

7. R. Cursino, D. Ferreira, M. Lencastre, R. Fagundes, J. Pimentel, Gamification in requirements engineering: a systematic review, in *2018 11th International Conference on the Quality of Information and Communications Technology (QUATIC), Coimbra* (2018), S. 119–125. https://doi.org/10.1109/QUATIC.2018.00025

8. M.Z. Huber Kolpondinos, M. Glinz, Behind points and levels — the influence of gamification algorithms on requirements prioritization, *in 2017 IEEE 25th International Requirements Engineering Conference (RE)*, Lisbon (2017), S. 332–341. https://doi.org/10.1109/RE.2017.59

9. F.M. Kifetew, et al., Gamifying collaborative prioritization: does pointsification work?, in *2017 IEEE 25th International Requirements Engineering Conference (RE)*, Lisbon (2017), S. 322–331. https://doi.org/10.1109/RE.2017.66

10. F. Kifetew, D. Munante, A. Perini, A. Susi, A. Siena, P. Busetta, DMGame: a gamified collaborative requirements prioritisation tool, in *2017 IEEE 25th International Requirements Engineering Conference (RE)*, Lisbon (2017), S. 468–469. https://doi.org/10.1109/RE.2017.46

11. V. Gupta, Crowdsourcing and gamification in requirement engineering of social sector applications: a tertiary study. IEEE Trans. Technol. Soc. (Under review)

12. D. Renzel, et al., Requirements bazaar: social requirements engineering for community-driven innovation, in *Proceedings of IEEE RE* (2013), S. 326–317

13. T. Johann, et al., Democratic mass participation of users in requirements engineering? in *Proceedings of IEEE RE* (2015), S. 256–261

14. G. Ruhe, et al., The vision: requirements engineering in society, in *Proceedings of IEEE RE 2017*, Sept 2017, S. 478–479

15. R. Burrows, et al., Motivational modelling in software for homelessness: lessons from an industrial study, In *Proceedings of RE* (2019), S. 298–307

Kapitel 5
Auswirkungen für Stakeholder der sozialen Innovation

Zusammenfassung Die soziale Innovation erfordert die aktive Beteiligung aller Elemente des offenen Innovationssystems, einschließlich der Bürger. Die tatsächlichen Auswirkungen der sozialen Innovation sind offensichtlich, wenn die Technologie die tatsächlichen sozialen Bedürfnisse löst und geeignet ist, im Arbeitskontext der Bürger übernommen zu werden. Dieses Kapitel hebt die verschiedenen Auswirkungen auf die Elemente des Innovationssystems hervor – Forscher, Akademiker, Regierung, Förderagenturen, soziale Unternehmer.

5.1 Einführung

Der Sozialsektor wird kurz in Kap. 1 vorgestellt und verschiedene Herausforderungen und der Stand der technologischen Lösungen, die zur Durchführung von RE im Kontext des Sozialsektors verfügbar sind, wurden in den Kap. 2–4 präsentiert. Die RE im Sozialsektor ist herausfordernd und erfordert eine starke Zusammenarbeit über die Grenzen der Softwareentwicklungsforschung hinaus. Soziale Innovationerfordert die aktive Unterstützung verschiedener Stakeholder – Forscher, Akademiker, Regierung, Förderagenturen, Sozialunternehmer usw. Die offene Innovation wird dazu beitragen, den Wissensaustausch zwischen den Stakeholdern zu fördern und zur Kommerzialisierung von interdisziplinären Lösungen mit der Fähigkeit, soziale Bedürfnisse zu erfüllen. Soziale Innovation erfordert ein besseres Verständnis des sozialen Bereichs, Produkte basierend auf rigorosen Lösungen zur Lösung sozialer Probleme, kontinuierliche Unterstützung der Bürger und kontinuierliche Messung des Innovationspotenzials.

Die Unterstützung der Bürger ist entscheidend, denn letztendlich sind sie es, die von der Innovation betroffen sein werden und der Erfolg der sozialen

---

Einige Textteile dieses Kapitels erscheinen in „Varun Gupta (2021) Anforderungsingenieurwesen Herausforderungen für die Softwareentwicklung im sozialen Sektor: Erkenntnisse aus mehreren Fallstudien. Digit. Gov.: Res. Pract, Volume 2, Issue 4, pp. 1–13, https://doi. org/10.1145/3479982. © 2021 Urheberrecht liegt beim Eigentümer/Autor(en)“.

Innovation hängt davon ab, wie leicht sie von ihnen angenommen wurde. Eine gute Technologie kann jedoch manchmal scheitern, nützliche Ergebnisse zu erzielen, weil die Bürger sie aufgrund zahlreicher Faktoren wie Komplexität, Kosten und Benutzerfreundlichkeit nicht annehmen können. Es ist wichtig sicherzustellen, dass die tatsächlichen Vorteile der Technologie sichtbar werden, indem die mit der Adoption verbundenen Probleme durch die aktive Unterstützung aller Stakeholder überwunden werden.

Die soziale Innovation erfordert die aktive Unterstützung verschiedener Stakeholder-Forscher, Akademiker, Regierung, Förderagenturen, Sozialunternehmer usw. Die offene Innovation wird dazu beitragen, den Wissensaustausch zwischen den Stakeholdern zu fördern und zur Kommerzialisierung von interdisziplinären Lösungen mit der Fähigkeit, soziale Bedürfnisse zu erfüllen. Soziale Innovation erfordert ein besseres Verständnis des sozialen Bereichs, Produkte basierend auf rigorosen Lösungen zur Lösung sozialer Probleme, kontinuierliche Unterstützung der Bürger und kontinuierliche Messung des Innovationspotenzials.

Die Unterstützung der Bürgerist entscheidend, denn letztendlich sind sie es, die von der Innovation betroffen sein werden und der Erfolg der sozialen Innovation hängt davon ab, wie leicht sie von ihnen angenommen wurde. Eine gute Technologie kann jedoch manchmal scheitern, nützliche Ergebnisse zu erzielen, weil die Bürger sie aufgrund zahlreicher Faktoren wie Komplexität, Kosten und Benutzerfreundlichkeit nicht annehmen können. Es ist wichtig sicherzustellen, dass die tatsächlichen Vorteile der Technologie sichtbar werden, indem die mit der Adoption verbundenen Probleme durch die aktive Unterstützung aller Stakeholder überwunden werden.

Das Gesamtziel besteht darin, die Marktanforderungen zu erkunden, indem die vielfältigen Bürger über geografische Grenzen hinweg einbezogen werden, wodurch das Anforderungsengineering zu einem Co-Creation-Prozess wird, der zu einem Produkt führt, das von den Bürgern leicht angenommen werden kann. Die Unterstützung aller Elemente des Innovationssystems ist für das Anforderungsengineering unerlässlich.

5.2 Auswirkungen für Forscher

Die Forscher haben die Kompetenzen zurigorose Forschungslösungen bereitzustellen, die in der Lage sind, gesellschaftliche Probleme zu lösen. Diese Forschungslösungen könnten, einmal als Produkt kommerzialisiert, ein sehr mächtiges Werkzeug zur Reform der Gesellschaft und zur allgemeinen Entwicklung sein. Die Forscher sollten auch versuchen, mit der Unterstützung von Inkubatoren, Förderagenturen und anderen Elementen des Innovationssystems unternehmerische Risiken einzugehen, um ihre Innovationen zu kommerzialisieren. Es besteht die Notwendigkeit, Nähe zwischen den verschiedenen Abteilungen, Forschungszentren und externen Stakeholdern der sozialen Innovation zu schaffen, um interdisziplinäre Lösungen für soziale Probleme zu erzielen. Sie sollten untersuchen, wie die Lücken zwischen den Kompetenzen der Bürger im Umgang mit der Technologie und der technologischen Komplexität überbrückt werden könnten.

Darüber hinaus müssen die Forscher neben diesen Managementproblemen die Wege untersuchen, wie die vielfältigen Bürger in den Prozess der Erforschung des Problemfeldes einbezogen werden könnten, um eine Lösung mit guter Marktpassung zu finden. Die Herausforderung, wie sie in Kap. 3 skizziert ist, besteht darin, dass rechnerisch fortgeschrittene Anforderungsengineering-Techniken möglicherweise nicht funktionieren, wenn man mit speziellen Gruppen, insbesondere älteren Menschen, die nicht technikaffin sind, zu tun hat. Wie können die Anforderungsingenieure in der Lage sein, die über geografisch verteilte Bürger verstreute Informationen zu identifizieren und dann in nützliche systembezogene Informationen umzuwandeln, um die Release-Planung zu steuern, eine Frage, die bisher unbeantwortet bleibt?

5.3 Implikationen für Förderagenturen

Es gibt einen wachsenden Fokus der Bundesregierungen und anderer Förderagenturen, die unternehmerischen Aktivitäten im Sozialsektor zu unterstützen. Der Grund dafür ist, dass soziale unternehmerische Aktivitäten ein mächtiger Weg sein könnten, soziale Innovationen zu fördern, die zu starken sozialen Auswirkungen führen. Zum Beispiel hat die Europäische Union (EU)[1]verschiedene soziale unternehmerische Aktivitäten sowie Forschungsprojekte mitsozialen Auswirkungen finanziert. Die wirkliche Innovation des Projekts widerst nach einer langen Zeit sichtbar, was bedeutet, dass, wenn der Fokus daraufliegt, Projekte mit guter sozialer Wirkung zu fördern, Anstrengungen unternommenwerden sollten, um die soziale Wirkung des Projektvorschlags genau vorherzusagen. Essollten Anstrengungen unternommen werden, um den sozialen Unternehmern Ressourcenzur Verfügung zu stellen, indem ihnen Zugang zu den professionellen Netzwerkengewährt wird, mit denen die Förderagentur eng verbunden ist. Dies wird dazubeitragen, die Expertise der vielfältigen Gruppe aus verschiedenen Sektoren undKompetenzen zu nutzen.

Es muss ein Gleichgewicht gehalten werden, ob die Mittel für Projekte im Zusammenhang mit eher technischen Aspekten (zum Beispiel Anforderungsengineering oder den Aufbau von Anforderungsengineering-Systemen für ältere Menschen) oder eher auf Management-bezogene Aspekte (zum Beispiel Feldstudien zur Identifizierung sozialer Probleme oder Lösungen für soziale Probleme) verwendet werden sollten. Die erwartete richtige Lösung wäre der Fokus auf

---

[1] https://ec.europa.eu/social/main.jsp?catId=952&intPageId=2914&langId=en

interdisziplinären Projekten mit sowohl technischen als auch Management-Projekten; das Problem, das gut adressiert werden könnte, wenn Projektvorschläge nur von vielfältigen und interdisziplinären Teams aus einer Gruppe von Forschungszentren, Universitäten und Industrien als ein einziges Konsortium kommen sollten.

5.4 Implikationen für die Regierung

Die Reformen im Sozialsektor waren traditionell die Verantwortung der Regierungen. Öffentliche Einrichtungen sind dafür verantwortlich, ihre Dienstleistungen zur Beseitigung sozialer Probleme anzubieten, um der Gemeinschaft zu nutzen. Regierungseinrichtungen setzen soziale Innovationen um, indem sie Technologie adoptieren, für die sie ihre Bedürfnisse an Drittfirmen für Softwareentwicklung auslagern (einschließlich öffentlicher Unternehmen). Die Softwarefirmen haben die beste Expertise in der Durchführung technischer Arbeiten, aber ihnen fehlt das tiefere Verständnis für gesellschaftliche Herausforderungen (außer denen, die sie im täglichen Leben beobachten).

Die Zugänglichkeit der Gemeinschaft wird eine Herausforderung für die Anforderungsanalysten sein. Hochwertige Software wird den Bürgern einen Wert bieten, der indirekt für die Regierungen wertvoll sein wird, um ihre Ziele zu erreichen. Die Fähigkeit der Lösung, die Bedürfnisse der Gemeinschaft zu erfüllen und von ihnen akzeptiert zu werden, erfordert, dass ein Anforderungsanalyst mit sozialen Problemen vertraut ist. Für das Eintreten dieser Situation ist die Rolle der Regierung von großer Bedeutung. Die Unterstützung der Regierung wird nicht nur den Softwarefirmen helfen, gute Software zu entwickeln, sondern sie wird der Forschungsgemeinschaft Zugang zu vielfältigen Erfahrungen bieten, die zukünftige Forschung antreiben und zu rigorosen Anforderungsengineering-Lösungen führen wird.

Die Entstehung von sozialen Unternehmern ist jedoch eine der Unterstützungen für die Regierung in Bezug auf die gemeinsame Verantwortung für das soziale Wohl. Die Rolle der Regierung geht daher über die Bereitstellung eines guten Zugangs für die Massen zur Erfassung von Anforderungen hinaus und unterstützt die sozialen Unternehmer durch die Lockerung von Vorschriften, Steuerferien, Zugang zu internationalen Märkten, Finanzierung und andere benötigte Ressourcen. Die allgemeine Idee ist, dass soziale Unternehmer auf eine von drei Arten am besten genutzt werden könnten – durch die Implementierung der technologisch induzierten sozialen Innovation in der Gesellschaft als Dienstleister, als Promoter von Technologie unter der Bevölkerung, um deren Adoption zu erleichtern, und als Grund für technologische soziale Innovation als Technologiebesitzer.

5.5 Implikationen für die Akademie

Die Akademie kann eine wichtige Rolle bei der Förderung sozialer Innovationen spielen, indem sie ihre Unterstützung für die Gründung von sozialen Unternehmern leistet und dazu beiträgt, forschungsbasierte Projekte mit sozialer Wirkung zu kommerzialisieren. Ihre Unterstützung für die Förderung sozialer Unternehmer ist wichtig, da sie durch die Partnerschaft mit Start-ups die offene Innovation fördern könnten, was zu einer Kommerzialisierung von Produkten mit sozialer Wirkung führt. Die Partnerschaft zwischen Akademie und Start-up könnte der beste Weg sein, um offene Innovation zu haben [1]. Die dritte Mission der Akademie besteht darin, über ihre „Grenzen" hinauszugehen und Unterstützung für gesellschaftliche Reformen zu leisten. Soziale Innovationen könnten mit akademischer Unterstützung in Form von Kommerzialisierung von „In-house" Forschung, Unterstützung für unternehmerische Aktivitäten, Partnerschaften mit Dritten zur Lösung gesellschaftlicher Probleme usw. gefördert werden.

Die Akademie sollte versuchen, Synergien zwischen ihren Forschungseinheiten zu schaffen, um Lösungen für das Anforderungsengineering mit speziellen Gruppen zu bieten; das Ergebnis davon sollte den Anforderungsanalysten helfen, den Problemraum des Sozialsektors mit Leichtigkeit zu erkunden. Die Einheiten, die bei dieser Aufgabe nützlich sein könnten, sind solche, die sich mit der Forschung zu älteren Menschen, der Marketingabteilung (sie sind den Menschen am nächsten), der Verarbeitung natürlicher Sprache, der Softwaretechnik, den Sozialwissenschaften und dem Management befassen.

5.6 Implikationen für Sozialunternehmer

Soziales Unternehmertum wird als eine Reihe von Aktivitäten mit größerem Umfang betrachtet, einschließlich – unternehmerische Individuen, die sich der Veränderung verschrieben haben; soziale Unternehmensprojekte, die sich darauf konzentrieren, gewinnorientierte Motivationen in den gemeinnützigen Sektor einzubringen; neue Arten von Philanthropen, die venture-capital-ähnliche ‚Investitions'-Portfolios unterstützen; und gemeinnützige Organisationen, die sich neu erfinden, indem sie aus den Erfahrungen der Geschäftswelt lernen [2].

Die Sozialunternehmer gründen ihre Geschäftsaktivitäten, indem sie sich motivieren lassen, soziale Beiträge zu leisten, anstatt durch die zu erzielenden Gewinne. Die größten Herausforderungen, denen Sozialunternehmer gegenüberstehen, sind solche, die mit der Politikgestaltung, rechtlichen Aspekten, institutioneller und operativer Unterstützung, sozialer, pädagogischer und kultureller Bewusstheit des Feldes und seines Ökosystems zusammenhängen [3].

Start-ups haben höhere Ausfallraten und ihre Gemeinschaft steht vor einzigartigen Herausforderungen, insbesondere begrenzten Ressourcen wie Personal und Finanzmittel [4–12]. Die sozialen Start-ups, die durch soziale Beiträge motiviert sind, werden durch Wohltätigkeitsorganisationen, Spenden, staatliche Unterstützung usw. finanziert, da das Ziel nicht darin besteht, Gewinne zu erzielen.

Sozialunternehmer können einen großen Beitrag zur Gesellschaft leisten, indem sie neue Produkte und Dienstleistungen einführen oder als Dienstleister für die technologischen Innovationen der Regierung für die Bürger agieren. In beiden Fällen ist die Unterstützung der Regierung für das Überleben dieser Unternehmer notwendig. Diese Unternehmer könnten Crowdsourcing, Open-Source-Technologie, Crowdfunding und verfügbare Finanzierungshilfen (zum Beispiel die Förderprogramme der Europäischen Union) nutzen, um ihre Geschäftsaktivitäten mit begrenzten Ressourcen zu unterstützen und nachhaltiges Wachstum zu erzielen. Sobald jedoch ihre soziale Innovation die Gesellschaft erreicht und die tatsächliche Auswirkung sichtbar wird, könnte das skalierbare Wachstum zu einer erhöhten Finanzierungsunterstützung durch die Bürger führen. Das Geschäftswachstum und die soziale Auswirkung sind miteinander verknüpft, wobei das eine das andere gleichermaßen beeinflusst.

Die Sozialunternehmer könnten sich auf jedes Gebiet spezialisieren – technisch, Management, medizinische Wissenschaften usw. Ihre Expertise bestimmt stark die taktischen Maßnahmen, die sie wählen, um ihre sozialen Unternehmen zu betreiben. Eine gute Expertise im sozialen Management ist eine starke Kompetenz, da sie ein tiefes Verständnis der zugrunde liegenden Herausforderungen und Probleme haben. Sie müssen jedoch mit technischen Leuten zusammenarbeiten, um ihr Wissen über die Gesellschaft zu teilen und ihnen bei der Anforderungsanalyse und anschließenden Softwareentwicklung zu helfen. Ebenso ist ein gutes technisches Hintergrundwissen eine Schlüsselkompetenz, aber die Unterstützung von Personen, die in den Sozialwissenschaften bewandert sind, ist unerlässlich, da sie den Schlüssel zur Erschließung von Marktinformationen in der Hand haben. Dies unterstreicht stark die Notwendigkeit von vielfältigen interdisziplinären Teams in sozialen Start-ups/Unternehmen.

5.7   Schlussfolgerung und zukünftige Arbeit

Die vielfältigen Teamkompetenzen in sozialen Unternehmen sind ein Schlüssel zum Erfolg im Geschäft, da Menschen keine Technologien kaufen, sondern Lösungen. Im sozialen Sektor, wo der Fokus mehr auf sozialer Verbesserung liegt, werden die Preise für das soziale Produkt entweder von der Bundesregierung angenommen oder durch Fonds gedeckt; letztendlich konsumieren die Bürger entweder kostenlose Dienstleistungen oder zahlen geringe Kosten als Servicegebühren. Die Produktentwicklungskosten und andere Transaktionskosten müssen niedrig gehalten werden, ein Problem, das auf genaue und kostenbewusste RE zurückzuführen ist. Der reiche Wissensaustausch zwischen den Stakeholdern wird ein Schlüssel sein, um RE mit optimalen Ressourcen und Anstrengungen durchzuführen.

Literatur

1. V. Gupta, J.M. Fernandez-Crehuet, D. Milewski, Academic-startup partnerships to creating mutual value, in *IEEE Engineering Management Review*. https://doi.org/10.1109/EMR.2021.3065276
2. J. Mair, J. Robinson, K. Hockerts (Hrsg.), *Social Entrepreneurship* (Palgrave Macmillan, New York, 2006), S. 3
3. A. Seda, M. Ismail, Challenges Facing Social Entrepreneurship. Review of Economics and Political Science (2019)
4. R. Chanin, L. Pompermaier, K. Fraga, A. Sales, R. Prikladnicki, Applying customer development for software requirements in a startup development program, in *Proceedings of the 2017 IEEE/ACM 1st International Workshop on Software Engineering for Startups (SoftStart)*, Buenos Aires, Argentina, 21 May 2017, S. 2–5
5. C. Giardino, N. Paternoster, M. Unterkalmsteiner, T. Gorschek, P. Abrahamsson, Software development in startup companies: The greenfield startup model. IEEE Trans. Softw. Eng. **42**, 585–604 (2016)
6. M. Unterkalmsteiner, P. Abrahamsson, X. Wang, A. Nguyen-Duc, S. Shah, S.S. Bajwa, H. Edison, Software startups—a research agenda. e-Inform. Softw. Eng. J. **10**, 89–123 (2016)
7. C. Alves, S. Pereira, J. Castro, A study in market-driven requirements engineering, in *Proceedings of the 9th Workshop on Requirements Engineering (WER '06)*, Rio de Janeiro, Brazil, 13–14 July 2006
8. E. Klotins, M. Unterkalmsteiner, T. Gorschek, Software engineering knowledge areas in startup companies: a mapping study, in *Proceedings of the International Conference of Software Business*, Braga, Portugal, 10–12 June 2015; S. 245–257
9. V. Gupta, J.M. Fernandez-Crehuet, T. Hanne, R. Telesko, Requirements engineering in software startups: a systematic mapping study. Appl. Sci. **10**, 6125 (2020). https://doi.org/10.3390/app10176125
10. V. Gupta, J.M. Fernandez-Crehuet, C. Gupta, T. Hanne, Freelancing models for fostering innovation and problem solving in software startups: an empirical comparative study. Sustainability **12**, 10106 (2020). https://doi.org/10.3390/su122310106
11. V. Gupta, J.M. Fernandez-Crehuet, T. Hanne, Freelancers in the software development process: a systematic mapping study. PRO **8**, 1215 (2020)
12. V. Gupta, J.M. Fernandez-Crehuet, T. Hanne, Fostering continuous value proposition innovation through freelancer involvement in software startups: insights from multiple case studies. Sustainability **12**, 8922 (2020). https://doi.org/10.3390/su12218922

Printed in the United States
by Baker & Taylor Publisher Services